아는
만큼
보이는
세상

양자역학, 상대성이론을 몰라도 이해하는 우주 첫걸음

아는 만큼 보이는 세상

마쓰바라 다카히코 지음 ─ 송경원 옮김

보이는 세상

우주 편
SPACE

우리는 별들로부터 만들어졌다.

We are made of starstuff.

칼 세이건

칼 세이건 Carl Sagan (1934~1996)

미국의 천문학자. 여러 행성 탐사 계획에 연구원으로 참여했고, TV 다큐멘터리 시리즈 〈코스모스〉의 해설자로 유명해졌다. 동명의 내용을 책으로 옮긴 전 세계적인 스테디셀러 《코스모스》의 저자이다.

'우주란 무엇인가'를
찾는 여정

미국의 천체물리학자이자 헤이든천문관의 관장인 닐 더그래스 타이슨은 우주에 대해 이렇게 말했습니다.

"우주가 당신을 이해시킬 의무는 없다!"

맞는 듯, 맞지 않는 듯, 맞는 말인 것 같습니다. 그렇다면 우주란 대체 무엇일까요? '정확하게 이러한 것이다'라고 대답하기 무척 어려운 질문입니다. 그러나 우주론 연구자라고 하면 곧잘 받는 질문이기도 합니다. 이 책을 쓰게 된 동기 역시 "선생님, 우주란 대체 무엇인가요?"라는 편집자의 질문에서 시작되었거든요.

우주란 무엇인가 하는 질문의 답을 '우주의 진실'이나 '우주의 정확한 모습'을 알려주는 것이라고 한다면 안타깝게도 현재까지는 인류 가운데 어느 누구도 밝혀내지 못했습니다. 바로 그것을 밝히기 위해 저와 같은 연구자들이 있는 것이겠지요. 연구자들은 아직 인간이 모두 알지 못하는 우주를 조금이라도 더 알아내기 위해 매일 같이 연구에 몰두합니다. 제가 보기엔 성실한 연구자라면 "우주란 이런 것이다!"라고 단언하지는 않을 듯합니다.

　우주란 말을 한자로 살펴보면, '우(宇)'는 공간을 뜻하고, '주(宙)'는 시간을 뜻합니다. 이 우주라는 말의 기원은 중국 전한 시대에 쓰인 《회남자(淮南子)》에 있는데, 이 책을 보면 '왕고래금위지주(往古来今謂之宙), 사방상하위지우(四方上下謂之宇)'라는 말이 있습니다. 해석하면, 예로부터 지금에 이르기까지를 '주'라 부르고, 사방과 상하를 '우'라 한다는 뜻입니다. 요컨대 공간을 우, 시간을 주라 하여 이 두 글자를 합친 우주는 시공간이라는 뜻을 지니게 됩니다. "우주란 무엇인가?"라는 질문의 답 가운데 한 가지는 바로 "시공간이다"라는 것입니다.

　영어에는 이와 같은 우주의 의미에 딱 들어맞는 단어가 없습니다. 사전을 찾아보면 스페이스(space), 코스모스(cosmos), 유니버스(universe) 등 다양하게 번역됩니다. 모두 우주를 뜻하는 단어인데, 스페이스는 지구 주변을 가리키는 인상을 주는 반면에 코스모스는 좀 더 넓은 범위를 가리킵니다. 다시 말해, 스페이스는 우주개발에서 이슈가 되는 지구 상공의 우주를 가리키는 데 주로 사용

하는 말이라면, 코스모스는 지구를 포함한 훨씬 더 넓은 범위의
우주를 가리키는 말이라고 할까요?

유니버스는 '하나'라는 의미의 유니(uni-)가 앞에 붙어 '우리가
살고 있는 바로 이 단 하나의 우주'라는 뉘앙스가 있습니다. 모든
것을 포함하는 우주 공간은 단 하나라는 의식이 깔려 있는 셈입
니다. 그런데 우리가 사용하는 우주라는 말에는 그런 뉘앙스가
없습니다. 태양계를 '우리의 우주'라고 부르고, 다른 행성에 사는
지적 생명체가 있다면 그곳을 '그들의 우주'라고 불러도 상관없
다는 말입니다. 그러고 보면 우주는 제법 품이 넓은 말 같지 않나
요? 우주개발(space development)도 우주론(cosmology)도 모두 우주라
는 말로 포괄할 수 있습니다.

한편, 우주 비행사는 영어로 애스트로넛(astronaut)이라고 하는
데, 여기에는 스페이스, 코스모스, 유니버스 모두가 들어가지 않
습니다. 이 애스트로(astro-)는 '별'이라는 뜻으로, 우주보다는 천체
에 초점이 맞춰져 있습니다. 그래서 천체물리학(astrophysics)은 이
름만 봐도 개별적인 별 등의 천체를 연구하는 학문이라는 것을
알 수 있습니다. 우주 전체를 고려하는 우주론(cosmology)에는 코
스모스라는 말이 포함되지요. 이처럼 우주론과 천체물리학은 서
로 매우 다른 분야의 학문입니다.

일본에서는 우주 전체의 물리 법칙을 연구하는 우주론 연구자
와 천체의 물리 법칙을 연구하는 천체물리학 연구자 모두가 '우주

론 연구실'에 소속되는데, 이 '우주론'을 코스몰로지(cosmology)로 번역하면 천체물리학이 빠져버립니다. 우리가 사용하는 우주론이라는 말을 영어로는 옮길 수 없다는 뜻이지요. 그래서 종종 곤혹스러운 상황을 맞기도 합니다. 이야기가 길어졌는데, 영어와의 차이도 그렇지만 한자어로도 우주란 무엇인가를 정의하기는 무척 어렵습니다.

우주라고 하면 사람들은 보통 어떤 것을 떠올릴까요? 다양한 별과 은하, 인공위성, 블랙홀, 암흑 물질, 중력에서부터 우주에 지적 생명체가 존재하는지, 우리 우주 외에 다른 우주가 존재하는지, 시공간을 초월할 수 있는지에 이르기까지 매우 폭이 넓지 않을까 싶습니다. 이처럼 한마디로 표현할 수 있는 것은 아니지만, 이 책에서는 "우주란 무엇인가"라는 질문에 감히 도전해 보기로 했습니다.

역사 이래 인류는 '우리가 살고 있는 이 세상'에 끊임없이 호기심을 품어 왔습니다. 처음에는 자신의 눈에 보이는 주변을 벗어나는 작은 모험으로 시작되었을지 몰라도, 바다를 건너고 산을 넘어 역사와 함께 '더 넓은 세계에 대한 인식'을 얻게 되었습니다. 현대에 들어 진행되는 우주의 탐사, 관측, 이론 연구는 태고부터 이어져 온 인간의 호기심 또는 탐구심이 모습을 달리한 것일지 모릅니다. 이에 따라, 이 책은 아주 옛날의 이야기부터 시작하려

합니다.

　1장에서는 고대의 우주관과 지구의 탄생에 관해 살펴볼 겁니다. 천동설, 지동설과 같이 학교를 다닐 적 자주 들었던 지구와 우주에 관한 이야기는 물론이거니와, 별이 있는데도 왜 하늘은 어두운가 하는 일상의 궁금증을 풀어 보려 합니다.

　2장에서는 우주의 팽창과 관련한 우주 구조에 관해 이야기하려 합니다. 우주의 지평선이란 무엇인지, 우주의 팽창과 지구는 무슨 관련이 있는지, 평상시 자주 들었던 백색왜성과 초신성 폭발이란 대체 무엇인지 등등 아주 흥미로운 이야기를 엮었습니다.

　3장은 드디어 양자역학이 등장합니다. 누구나 한 번쯤 이 유명한 이름을 들어 본 적이 있을 겁니다. 무척 어려운 이론이라는 무서운 설명과 함께 말이죠. 우리는 이 책에서 양자역학을 공부한다기보다, 쉽게 이해하고 우주를 이해할 수 있는 데까지만 살펴볼 겁니다. 그 정도만 이해해도 우주에 흥미를 잃지 않는 데는 충분하거든요. 참! 마찬가지로 그 이름만은 무척 유명한 슈뢰딩거의 고양이 이야기도 있으니 놓치지 말길 바랍니다.

　4장에서는 우리가 마블 영화를 통해 아주 익숙해진 평행세계, 즉 다중 우주에 관한 이야기를 하려 합니다. 이 이야기는 2장에서 말한 우주의 팽창과 관련이 깊은데, 어려운 이야기가 될지도 모르겠지만 최대한 이해하기 쉽게 풀려고 많은 애를 썼습니다.

찬찬히 읽으며 따라와 준다면 정말 기쁠 것 같습니다.

5장에서는 우주와 파라미터에 관해 이야기해 볼 겁니다. 파라미터란 매개변수를 말합니다. 이 매개변수는 우주 형성 과정에서 아주 큰 역할을 맡았는데, 이 이야기도 흥미진진합니다. 더불어 아주 티끌만 한 오차에도 우주와 지구, 인간은 전혀 탄생하지 않았을지도 모르는데, 이를 '우주 미세 조정'이라 합니다. 마치 운명이 정해져 있다는 사실을 과학적으로 증명하는 과정인 것만 같아 짜릿하다고나 할까요?

마지막 6장에서는 시간과 우주의 미래에 관해 말하며 마무리지을 것입니다. 인류의 오랜 염원인 타임머신은 정말 존재할 수 있을지, 타임머신이 존재했을 때 생기는 시간의 역설이란 무엇인지(혹시 영화 〈어벤져스: 엔드게임〉에서 현재의 네뷸라가 과거의 네뷸라를 공격했을 때 현재가 바뀌지 않았던 것을 기억하나요?) 설명할 겁니다.

인류는 고대부터 현재까지 끊임없이 "우주란 무엇인가"라는 질문의 답을 찾고 탐구해 왔습니다. 이 책은 그 여정을 좇아 모든 가능성을 펼쳐 놓고 조금이나마 그 진실에 가까이 다가가고자 했습니다. 그럼, 지금부터 환상적이고 흥미진진한 우주의 세계로 함께 떠나봅시다.

마쓰바라 다카히코

CONTENTS

CHAPTER 1.
지구는 언제부터 둥글었을까?
우주의 탄생

CHAPTER 2.
우주는 지금도 풍선처럼 부풀고 있다?
우주의 구조

CHAPTER 3.

슈뢰딩거의 고양이는 살아 있는 걸까?
우주와 양자역학

CHAPTER 4.

어쩌면 '또 다른 나'가 존재할지도 모른다?
우주와 평행세계

CHAPTER 5.

운명은 정해져 있다는 과학적인 근거
우주와 매개변수

CHAPTER 6.
과거나 미래로의 시간 여행은 가능할까?
우주의 미래

CHAPTER

지구는
언제부터
둥글었을까?

- 우주의 탄생 -

우리가 몰랐던
지구의 진짜 모습

· 고대의 우주관 ·

인류는 16세기 대항해 시대 전까지 지구가 둥글다는 사실을 몰랐다.
그림은 고대 히브리인이 생각한 우주의 모습이다.

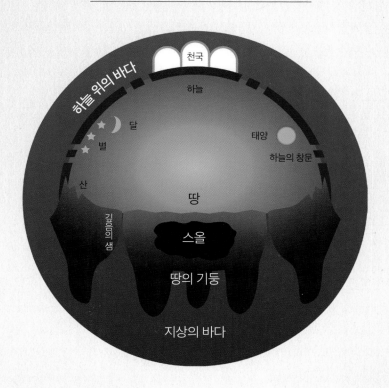

현대를 살아가는 우리는 가 보지 않은 곳도 어떤 곳인지 잘 알고 있습니다. 지구는 둥글고, 태양계 안에 있으며, 그 바깥에 엄청나게 광대한 우주가 펼쳐져 있다는 사실을 알고 있죠.

당연한 얘기지만, 과거에는 달랐습니다. 먼 옛날 사람들에게는 자신이 걸어서 갈 수 있는 범위의 장소가 세계의 전부였을 것입니다. 하지만 그 너머에 무엇이 있는지 알고자 하는 욕망은 언제나 존재했습니다. 고대부터 현대에 이르기까지 인류는 이 우주가 어떤 모습인지 알고 싶어 했습니다. 그 욕망이 사람들을 움직여 많은 난제를 해결하면서 오늘날의 '우주상'이 확립된 것입니다.

'옛날 사람들이 생각한 우주'로 자주 소개되는 것은 고대 인도의 우주관입니다(22쪽 참고). 코끼리가 반구 모양의 지구를 떠받치고,

고대 인도의 우주관으로 여겨진 그림

출처: Müller, Niklaus, Glauben, Wissen und Kunst der alten Hindus, F.Kupfeberg, Mainz, 1822

그 아래에서 아주 큰 거북이 코끼리를 떠받치고, 그 주위를 거대한 뱀이 감싸고 있는 우주. 어디선가 본 적이 있는 분들도 있을 것입니다.

이 그림은 19세기 독일에서 인도의 사상과 문화를 소개하는 책에 실려 있는데, 정작 고대 인도의 문헌에서는 이런 그림이 발견되지 않았습니다. 어디까지나 '인도 사람들은 이렇게 생각하지 않았을까?' 하고 상상하여 그린 그림으로 추측됩니다.

고대 히브리인들은 평평한 지구 위에 반원형 돔이 씌워져 있고, 태양과 별은 돔 천장에 매달려 있는 것과 같은 우주를 생각했습니다(21쪽 참고). 흥미로운 부분은 '지상의 바다'가 '하늘 위의 바다'로 이어져 있다고 생각했다는 점입니다. 하늘에서 비나 눈이 내리는

플라마리옹 판화

이유가 하늘에도 물이 있기 때문이라고 생각했던 것이지요.

　다음으로 유명한 것은 플라마리옹 판화입니다(23쪽 참고). 플라마리옹은 19세기부터 20세기까지 활동한 프랑스의 천문학자로, 일반인을 위한 천문학 책을 펴내 보급하는 데 힘썼습니다. 그는 '고대 사람들은 이렇게 생각했다'라는 것을 보여 주기 위해 이 판화를 책에 실었습니다. 마찬가지로 평평한 지구가 반원형 돔으로 덮여 있네요. 하늘의 돔 너머에는 무엇이 있는지 그 구조를 알고 싶어 돔 바깥으로 고개를 내밀고 들여다보는 그림입니다.

　제가 하고 싶은 말은 과거 인류는 지구가 둥글다는 사실을 몰랐다는 것입니다. 옛날 사람들이 무지했다고 비웃으려는 것은 아닙니다. 현대를 살아가는 우리도 일상생활 중에는 지구가 둥글다는 사실을 잘 실감하지 못하니까요. 옛날 사람들이 사용했던 교통수단이나 그들이 이동할 수 있는 거리를 고려하면 지구가 평평하다고 생각했다 해도 이상할 게 하나도 없습니다.

　만약 지구가 평평하다면 땅 끝은 어떻게 되어 있을지 궁금하지 않았을까요? '땅은 끝없이 이어지는 것일까, 아니면 끝이 있을까, 끝이 있다면 그곳은 어떻게 되어 있을까' 하고 말이지요.

　지금은 지구가 둥글다는 사실이 밝혀졌기 때문에 지구의 끝에 대한 궁금증은 풀렸습니다. 이른바 '지구 구형설'입니다. 사실 지구 구형설은 기원전 고대 그리스까지 거슬러 올라갑니다. 아리스토텔레스도 월식 때 달에 비친 지구의 그림자 모양이 항상 둥글다는 점 등을 근거로 지구가 구형이라고 주장했습니다.

그러나 지구 구형설은 널리 퍼져나가지는 못했고, 실제로 '경험'하기까지는 16세기 대항해 시대를 기다려야 했습니다. 콜럼버스의 서쪽 항로 개척과 마젤란의 세계 일주 항해가 바로 그 예입니다.

그런데 현대에도 아직 '지구 평면설'을 믿는 사람들이 의외로 많다는 사실을 알고 있나요? '지구 평면론자(Flat Earther)'라고 불리는 사람들입니다. 미국에 가장 많은데, 놀랍게도 최근에는 그런 사람이 더 늘고 있다고 합니다. 2017년부터는 미국 노스캐롤라이나주에서 '평평한 지구 국제 학회'도 열리고 있습니다.

오늘날까지 지구 평면설이 남아 있는 원인은 여러 가지입니다. 아직도 다윈의 진화론을 부정하는 사람이 많은 것에서 알 수 있듯이 가장 큰 발단은 근본주의적인 기독교 신앙입니다. 최근 들어 더욱 늘어나는 이유는 음모론이 섞여 있기 때문이라고 추측할 수 있지요. 지구가 둥글다는 것은 '세계적 음모'라는 주장입니다.

누구도 우주의 진짜 모습을 알 수 없는 이유

· 우주의 차원 ·

우주는 3차원 이상의 세계로 상상해야 이해할 수 있다.

지구가 둥글다는 것은 부피가 유한하다는 뜻입니다. 또한 지구 표면에 서 있는 사람이 한 방향으로 계속 가다 보면 원래의 자리로 돌아오게 됩니다. 그렇다면 우주는 어떨까요? 이 우주는 무한할까요? 아니면 지구 표면처럼 닫힌 공간이어서 유한할까요? 우주의 모양을 머릿속에 그리려면 차원을 하나 더 추가해서 생각해야 할 것 같습니다.

차원을 하나 더 추가한다는 것은 어떤 의미일까요? 예를 들어, 여기 종이가 있습니다. 두께를 무시한다면 종이는 2차원입니다. 그렇다면 이 종이가 구부러져 있는가, 구부러져 있지 않은가, 만약 구부러져 있다면 어떻게 구부러져 있는가, 지구처럼 구 모양으로 구부러져 닫혀 있는가 등등을 궁금해 할 수 있겠죠. 종이가 어떤 모양인지를 알려면 측정해야 하고, 그러려면 3차원 공간이

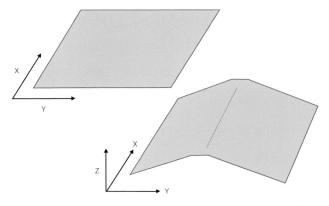

종이를 구부리려면 X축과 Y축에 수직인 Z축 방향으로 구부릴 수밖에 없다. 종이가 어떻게 구부러져 있는지 확인하려면 구부러지지 않은 경우도 포함하여 3차원 공간이 필요하다.

필요합니다. 이때 종이를 구부리려면 XY 평면인 종이에 수직인 3번째 축, 즉 Z축 방향으로 구부려야 합니다.

종이가 구부러진 모양을 쉽게 이해할 수 있는 것은 우리가 3차원 공간에 살기 때문입니다. 그런데 만약 2차원 공간에 사는 사람이 있다고 가정해 봅시다. 그들은 3차원 공간을 본 적이 없기 때문에 이해하지 못할뿐더러, 종이의 구부러진 모양을 상상하기도 어려울 겁니다. 물론 2차원 세계에서도 수학적으로는 그 구부러짐의 성질을 알 수 있겠지만, '다른 차원의 방향으로 구부러진다'라고 아무리 설명해 봐야 그게 어떤 의미인지 잘 이해하지 못합니다.

우리가 인식하는 우주는 3차원 공간입니다. 가령 우주 바깥에서 바라봤을 때 이 우주가 휘어진 모양을 하고 있다고 가정해 봅시다. 이는 곧 3차원이 아닌 다른 차원으로 휘어져 있다는 얘기인데, 3차원에 사는 우리로서는 상상하기 어렵지요.

만약 4차원 세계의 사람이 있다면 그들은 우주의 모습을 볼 수 있을까요? 4차원 세계의 사람이라면 가능할지도 모르겠습니다. 다만, 4차원 공간처럼 우리가 쉽게 상상할 수 없는 세계도 수학의 언어를 사용하면 표현할 수 있습니다.

연구자들이 감각적으로 이를 파악하기 위해 자주 사용하는 방법은 3차원에서 차원을 하나 줄여 2차원으로 만든 다음, 전혀 다른 차원으로 휘어져 있다고 생각해 보는 것입니다. Z축을 머릿속에서 지워버리고 XY 평면을 이미지화하여 알 수 없는 방향으로 휘게 하는 것이지요.

아직 우리는 우주 공간이 4차원인지 아닌지는 알지 못합니다. 5차원이라고 하는 사람이 있는가 하면, 9차원이나 10차원이라고 하는 사람도 있어요. 다만 지금 우리가 하고 있는 이야기는 우주 공간이 4차원이냐 아니냐는 상관없습니다. 3차원의 우주가 휘어져 있다는 것을 머릿속으로 그려 보기 위해 4차원의 방향이 필요하다는 사실입니다. 휘어져 있으면서 3차원의 구처럼 닫혀 있다면 우주는 유한하다고 할 수 있습니다.

말로만 들으면 무슨 이야기인지 잘 이해가 되지 않을 수 있어요. 일단 수학을 사용해 설명하면 이해할 수 있는 부분이 있다고 생각하면 됩니다. 우주의 모양에 관해서는 다음에 다시 이야기하기로 하고, 다시 우주상의 역사로 돌아가 보겠습니다.

모든 것은 지구를
중심으로 돈다는 생각

· 천동설 ·

천동설에서는 수많은 원운동을 복잡하게 조합해 천체의 운동을 설명했다.
그림은 프톨레마이오스의 천동설 그림이다.

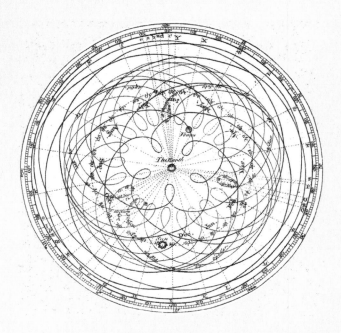

출처: Encyclopaedia Britannica(1st Edition, 1771; facsimile reprint 1971),
Volume 1, Fig. 2 of Plate XL facing page 449.

고대의 우주상과 현대의 우주상 사이의 큰 차이점은 지구가 평면이냐 구형이냐 하는 것 말고도 천동설이냐 지동설이냐 하는 점을 꼽을 수 있습니다.

지구를 중심으로 다른 천체들이 공전한다고 본 '천동설'은 기원전 4세기, 고대 그리스의 천문학자 에우독소스(Eudoxos)가 처음으로 명확히 제시한 것으로 알려져 있습니다. 에우독소스는 지구가 우주의 한가운데 정지해 있고 그 주변에 같은 중심(동심)을 가진 여러 개의 천구가 차례로 포개져 있는 모습의 우주를 상상했습니다.

가장 바깥쪽의 항성 천구에는 수많은 항성(태양처럼 스스로 빛을 내는 별)이 붙어 있으며, 이 천구는 천극(천구의 북극과 남극을 관통하

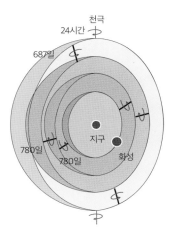

에우독소스의 천동설
그림은 가장 바깥쪽의 항성 천구와 화성의 운동과 관련된 천구만 나타냈다.

는 축)을 중심으로 하루에 한 바퀴 회전합니다. 그보다 안쪽에 있는 천구들은 서로 다른 축을 중심으로 회전하는 동시에 둘 이상이 서로 연결되어 있다고 가정했습니다. 에우독소스는 이처럼 맞물려 돌아가는 여러 천구들을 조합해 복잡한 태양과 행성의 운동을 설명했습니다.

이후 천동설을 완성한 인물은 2세기 중엽에 알렉산드리아에서 활동한 프톨레마이오스(Ptolemaeus)입니다. 그는 프톨레마이오스는 주전원, 이심원 등 원운동을 여러 개 조합하여 천체의 운동을 설명하는 정교한 체계를 구축했습니다.

이것은 30쪽에서 보는 바와 같이 상당히 복잡한 체계입니다. 지금 우리가 알고 있듯이 실제로는 지구가 움직이고 있지만, '우주가 지구를 중심으로 움직인다'라는 당시의 우주관을 그대로 따르려면 여러 가지 복잡한 개념을 도입해야 했습니다.

예를 들어 '행성의 역행'이라는 현상이 있습니다. 항성은 천구에 붙어 있는 상태에서 조금씩 움직이는 것처럼 보이지만, 행성은 다릅니다. 화성이나 토성 등 일부 행성은 조금씩 위치를 바꾸면서 어느 때는 다른 천체들과 같은 방향으로 움직이다가 어느 시기에는 거꾸로 움직이는 역행 운동을 하고, 다시 원래 방향으로 진행하는 신기한 움직임을 보입니다. 단순히 행성이 지구 주위를 돌고 있다고 한다면 도저히 일어날 수 없는 일이지요. 프톨레마이오스는 '주전원'이라는 가성의 작은 원을 추가해 이 문제를 해결했습니다(33쪽 참고).

프톨레마이오스 체계를 사용하면 행성의 운동을 꽤 정확하게 표현할 수 있습니다. 지금도 사용하려고만 하면 사용할 수 있습니다. 너무 복잡해서 아무도 사용하지 않지만요.

참고로 프톨레마이오스 체계에서도 가장 바깥에는 항성 천구라는 구면이 있다고 가정했습니다(30쪽 참고). 행성의 움직임을 설명하기 위해 복잡한 개념을 도입했지만, 수많은 항성이 붙어 있는 항성 천구에는 복잡한 부분이 없었습니다. 단지 지구를 중심으로 하루에 한 바퀴를 돌 뿐입니다. 항성 천구 바깥에 무엇이 있는지는 알 수 없었습니다.

이후 프톨레마이오스의 천동설이 널리 받아들여지면서 오랫동

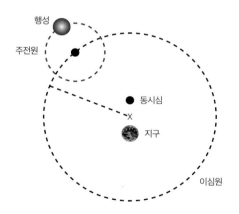

프톨레마이오스의 천동설에 따르면 행성은 주전원(작은 원)을 따라 회전하면서 지구 주위를 돌고 있다. 주전원의 중심은 X를 중심으로 한 이심원(큰 원)을 따라 움직이는데, X는 지구의 중심과 어긋나 있다. 또한, 주전원의 중심은 동시심이라고 부르는 점에서 볼 때 일정한 각속도(각도/시간)로 움직인다.

안 주류 이론으로 자리 잡았습니다. 그러다가 새로운 이론을 제시하는 인물이 등장했는데, 바로 16세기 천문학자 튀코 브라헤(Tycho Brahe)입니다.

아직 망원경도 없던 시대였음에도 불구하고 튀코는 이전의 어떤 관측보다 더 정밀한 천제 관측을 통해 '모든 행성은 태양 주위를 돌고, 태양은 지구 주위를 돈다'라는 자신만의 체계를 만들어 냈습니다. 이 역시 우주의 중심은 지구라는 관점에서는 벗어나지 못했지만, 프톨레마이오스 체계보다는 훨씬 더 단순하게 행성의 운동을 설명할 수 있었습니다.

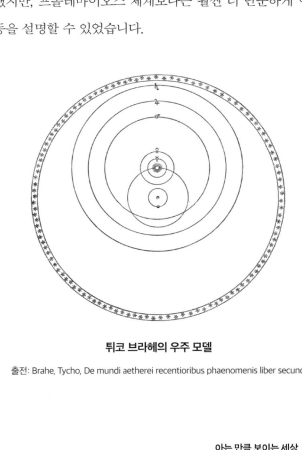

튀코 브라헤의 우주 모델

출전: Brahe, Tycho, De mundi aetherei recentioribus phaenomenis liber secundus, 1603

지금 생각해 보면 이 정도의 정교한 관측과 해석이 가능했던 시대에 왜 태양을 우주의 중심에 놓고 바라보려고 하지 않았는지 의문이 들 수 있겠지만, 당시 천동설, 즉 지구 중심설은 자명한 상식으로 받아들여졌습니다.

그런데 사실 튀코가 살던 시대에는 이미 니콜라우스 코페르니쿠스(Nicolaus Copernicus)의 지동설이 일부 계층에 한했지만 세상에 알려져 있었습니다. 코페르니쿠스는 1543년에 발표한 《천체의 회전에 관하여》에서 지구가 하루에 한 바퀴씩 자전하며, 태양 주위를 1년에 한 바퀴씩 공전한다고 서술했습니다.

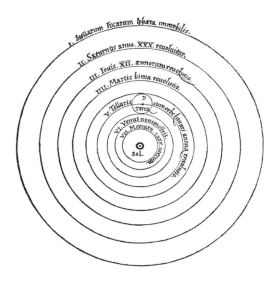

코페르니쿠스의 지동설 모델

출전: Nicolaus Copernicus, De revolutionibus orbium coelestium, 1543

하지만 당시 기독교적 세계관에서는 지구가 우주의 중심이어야 했습니다. 코페르니쿠스는 자신의 연구 성과를 세상에 발표하는 것을 주저했습니다. 성직자이기도 했기 때문에 종교적 박해를 받을지 모른다는 두려움이 있었으리라 추측할 수 있습니다.

그는 세상을 떠나기 직전에 책을 완성했는데, 그 책 속에 '태양을 우주의 중심에 두고 설명하는 편이 더 간단하고 편리합니다. 이것은 수학적인 이야기입니다'라며 변명하는 듯한 말을 덧붙였습니다. 실제로 지동설, 즉 태양 중심설로 생각하면 행성의 운동에 대한 설명이 훨씬 더 간단해집니다.

튀코 또한 코페르니쿠스의 지동설이 수학적으로 탁월하다고 평가했습니다. 그러나 지구 중심설을 버릴 수 없었습니다. 자신이 발 딛고 사는 이 지구가 움직이고 있다는 생각은 도저히 들지 않았습니다.

어떤 의미에서 천동설은 옳다고 볼 수 있습니다. 지동설보다는 천동설이 겉으로 보이는 현상을 그대로 반영하고, 우리의 주관과 경험에도 부합합니다. 평소 우리는 지구가 움직이고 있다는 것을 느끼지 못합니다. 반면에 태양은 움직이는 것처럼 보입니다. 과학 교과서에서도 '태양은 동쪽에서 떠서 서쪽으로 진다'라고 표현하지요. 우리의 가치관은 여전히 천동설에서 벗어나지 못하고 있습니다.

하지만 세계는 우리 눈에 보이는 대로 움직이지 않았습니다.

인간의 감각과는 다르게 움직였고, 감각을 벗어난 곳에 간단한 답이 있었습니다. 이것은 현대 우주론에서도 주의해야 할 점입니다. 눈에 보이는 대로만 이해하려고 한다면 영원히 그 뒤에 있는 우주의 본질적인 모습에 도달할 수 없을지 모릅니다.

"그래도
지구는 돈다!"

· 지동설 ·

케플러가 행성의 궤도가 타원이라는 사실을 발견했다.
갈릴레오는 목성에 위성이 있다는 사실을 발견해, 지동설에 힘을 더했다.

코페르니쿠스의 지동설은 당시 사회에 쉽게 받아들여지지 못했습니다. 지동설이 설득력을 얻기 시작한 것은 요하네스 케플러(Johannes Kepler)에 의해 행성의 궤도가 타원이라는 사실이 밝혀지면서부터입니다. 케플러 이전에는 행성의 운동은 완전한 원을 그리는 원운동이라고 생각했고, 코페르니쿠스 역시 이 생각에서 벗어나지 못했습니다.

케플러는 튀코가 남긴 방대한 관측 자료를 분석하여 '행성의 운동이 타원 궤도를 그린다'라고 가정하면 계산이 맞아떨어진다는 사실을 깨달았습니다. 이러한 케플러의 발견으로 지동설은 천동설보다 훨씬 더 단순하고 정확한 이론이 되었습니다.

또한, 갈릴레오 갈릴레이(Galileo Galilei)가 자신이 직접 만든 망원경으로 천체를 관측하기 시작하면서 천문학은 비약적으로 발전했습니다. 특히 목성에 위성이 있다는 사실을 발견했는데, 이는 지동설에 유리하게 작용했습니다. 천동설에 따르면 모든 행성은 지구를 중심으로 돌아야 합니다. 그런데 목성을 중심으로 도는 별의 존재가 밝혀진 것입니다. 이는 지구를 모든 것의 중심으로 설명하는 천동설에 반하는 사실이었습니다.

갈릴레오는 그 밖에도 금성이 차고 이지러지는 동시에 크기가 변한다는 사실을 관측했습니다. 이 또한 지동설을 지지하는 강력한 증거입니다. 이것은 금성도 지구와 마찬가지로 태양 주위를 도는 행성이며, 지구보다 안쪽 궤도를 돌고 있기 때문에 나타나는 현상입니다.

이러한 관측 결과를 통해 갈릴레오는 지동설이 옳다고 확신했습니다. 그리고 일반인들이 쉽게 이해할 수 있도록 대화체 형식으로 《두 우주 체계에 대한 대화》라는 책을 집필했습니다. 하지만 당시 가톨릭교회는 지동설을 인정하지 않았고, 갈릴레오는 종교재판소에서 유죄 선고를 받게 됩니다.

갈릴레오의 명언 가운데 "그래도 지구는 돈다"라는 말이 있죠? 그렇습니다. 실제로 그런 말을 했다는 증거는 없지만, 재판에서 이기든 지든 갈릴레오가 그렇게 생각했던 것만은 틀림없을 것입니다.

유감스럽게도 갈릴레오는 지동설을 언급하거나 주장하는 것을 금지당했고, 가택연금 상태에서 세상을 떠났습니다. 하지만 《두 우주 체계에 대한 대화》는 큰 화제를 불러일으키며 베스트셀러가 되었고, 이러한 사정도 한몫해서 점점 지동설이 지지받게 되었습니다.

과연 우주는
끝이 없을까?

· 무한 우주론 ·

그림은 '무한 우주론'을 주장한 조르다노 브루노의 모습이다.

GIORDANO BRUNO

Da una Pittura

천동설에서 지동설로 우주상의 전환이 일어났지만, 태양계 바깥은 여전히 수수께끼로 남아 있었습니다. 무수한 항성이 붙어 있는 천구 너머에는 무엇이 있는지 알 수 없었습니다.

이탈리아의 철학자 조르다노 브루노(Giordano Bruno)는 코페르니쿠스의 지동설을 받아들여 철학적 관점에서 독자적인 우주론을 만들었습니다. 이른바 '무한 우주론'입니다. 브루노는 태양계 너머로 우주가 무한히 펼쳐져 있고, 이 우주에 흩어져 있는 수많은 별은 모두 항성이며, 태양은 그중 하나에 불과하다고 주장했습니다. 나아가 지구는 태양 주위를 도는 행성에 불과하므로 무한히 넓은 우주에는 지구와 유사한 많은 행성이 존재하고, 거기에 생명체가 살고 있을 수 있다는 가능성까지 제시했습니다.

유럽 각지를 돌며 적극적으로 자신의 이론을 펼치던 브루노는 교회의 반감을 샀습니다. 지동설만 해도 용납하기 어려운데, 한술 더 떠 인간은 신이 창조한 특별하고 유일한 존재가 아니며, 우주 어딘가에는 분명 인간과 같은 존재가 있을 수 있다고 주장하는 그를 교회는 도저히 묵과할 수 없었습니다. 결국 브루노는 1600년에 화형을 당하고 맙니다.

브루노는 과학자라기보다 철학자에 가까웠던 만큼 그의 우주론은 관측에서 도출된 것이 아닙니다. 말하자면 상상입니다. 과학적인 근거는 없습니다. 하지만 지금 돌이켜 보면 그의 주장은 대체로 옳았습니다.

기차에서 발견하는
우주의 비밀

· 지동설의 증거 ·

연주 시차와 광행차 현상 등이 지동설의 증거이다.
연주 시차를 이용하면 지구에서 별까지의 거리를 계산할 수 있다.

태양계 바깥에도 수많은 항성(별)이 있다는 증거를 얻으려면 어떻게 해야 할까요? 만약 멀리 있는 별이 천구에 붙어 있는 것이 아니라면, 그리고 지구가 움직이고 있다면 별의 위치가 상대적으로 다르게 보일 것입니다.

쉬운 예로, 달리는 기차를 타고 바깥 풍경을 바라본다고 해 봅시다. 기차 가까이에 있는 가로수나 전봇대는 빠르게 시야에서 사라지지만, 멀리 있는 산은 거의 움직이지 않는 것처럼 보이지요. 별도 마찬가지입니다. 지구에서 가까운 별은 멀리 있는 별에 비해 위치가 더 크게 달라진 것으로 보입니다.

멀리 있을수록 별의 위치의 변화는 적습니다. 이처럼 지구의

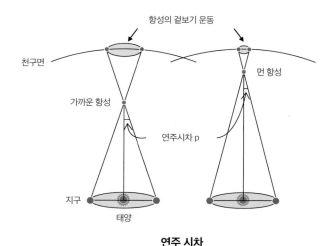

연주 시차

연주 시차가 클수록 지구에서 가까운 항성이다. 가상의 구면(천구면)에 지구에서 본 항성이 투영되어 보인다고 생각하면, 지구가 공전할 때 가까운 항성의 위치가 더 크게 달라진 것으로 보인다.

아는 만큼 보이는 세상 | 우주 편

공전 주기와 같은 주기로 별의 위치가 달라 보이는 현상을 '연주 시차'라고 하며, 시차의 크기는 각도로 나타냅니다. 연주 시차는 지구가 태양 주위를 공전하기 때문에 발생하는 현상입니다. 연주 시차가 관측된다면, 그 자체가 지동설의 증거가 됩니다. 이 때문에 많은 사람이 연주 시차를 발견하기 위해 노력했습니다.

그러나 연주 시차는 좀처럼 확인되지 않았습니다. 시차각이 너무 작아 관측하기 어려웠던 것이지요. 그러다 마침내 연주 시차가 발견된 것은 1838년이었습니다. 독일의 천문학자 프리드리히 베셀(Friedrich Bessel)이 백조자리 61번별을 관측해 0.314초각의 시차를 측정했습니다. 1초각은 3,600분의 1도이니 어마어마하게 작은 값입니다. 이것은 2km 떨어진 곳의 입자가 3mm 움직였을 때의 각도 변화와 거의 비슷합니다.

연주 시차를 측정하는 과정에서 우연히 발견된 현상도 있었습니다. 바로 영국의 천문학자 제임스 브래들리(James Bradley)에 의해 발견된 '광행차' 현상입니다. 연주 시차의 발견보다 110년 앞선 1727년의 일인데, 이 광행차 현상은 비가 내리는 것을 비유로 들면 이해하기 쉽습니다.

비가 내리는 날 빠르게 달리면 비는 수직이 아니라 앞쪽에서 기울어져 내 쪽으로 내리는 것처럼 보입니다. 이는 관측자(나)가 움직이기 때문에 생기는 현상입니다. 마찬가지로 지구가 움직이고 있으므로 항성에서 오는 빛의 방향도 원래의 방향보다 약간

앞쪽으로 기울어져 관측됩니다. 이것이 광행차 현상입니다.

광행차도 지동설의 증거 가운데 하나이지만, 별 역시 모두 똑같이 움직이기에 결정적인 증거라고 할 수는 없습니다. 또한, 광행차를 측정하면 빛의 속도를 추정할 수 있지만, 광행차를 안다고 해서 항성까지의 거리는 알 수 없습니다.

반면에 연주 시차는 측정할 수만 있다면 삼각함수를 이용해 항성까지의 거리를 계산할 수 있습니다. 최초로 시차를 측정한 백조자리 61번별까지의 거리를 계산하면 약 11광년입니다. 곧이어 거문고자리 알파별과 켄타우루스자리 알파별의 연주 시차를 측정하는 데 성공했습니다. 두 항성은 각각 지구에서 약 25광년과 약 4광년 떨어져 있는 것으로 계산되었습니다.

이로써 태양계 바깥에 있는 항성들은 천구에 붙박여 있는 것이 아니라, 지구로부터 제각각 다른 거리에 위치해 있다는 사실을 확인하게 되었습니다.

제2의 지구는
정말로 있을까?

· 외계 행성의 발견 ·

사진은 페가수스자리 51b(왼쪽)의 상상도이다.

밤하늘을 올려다보면 셀 수 없이 많은 별이 반짝이는 모습을 볼 수 있습니다. 태양 같은 별들이 태양계 바깥에도 많다는 얘기지요. 그렇다면 자연스럽게 이런 궁금증이 생깁니다. 태양계 바깥에도 지구와 비슷한 행성(외계 행성)이 존재할까? 밤하늘에 보이는 별들도 태양처럼 행성을 거느리고 있을까?

20세기에 대형 망원경이 건설되면서 수많은 천문학자가 행성들을 찾기 시작했습니다. 행성은 항성과 달리 스스로 빛을 내지 않을뿐더러 크기도 작기 때문에 직접 관측하기가 매우 어렵습니다. 이에 따라 행성을 찾기 위한 다양한 방법들이 개발되어 왔습니다.

처음으로 외계 행성이 발견된 것은 1990년대로 비교적 최근의 일입니다. 스위스의 천문학자 미셸 마요르(Michel Mayor)와 그의 제자인 디디에 쿠엘로(Didier Queloz)는 영국 학술지 《네이처》에 페가수스자리 51번별에서 행성을 발견했다고 발표했습니다. 이 외계 행성은 페가수스자리 51b로 명명되었습니다. 그들은 이 공로를 인정받아 2019년 노벨 물리학상을 받았습니다.

이후에도 외계 행성이 몇 개 발견되었지만, 제대로 연구가 이뤄지려면 더 많은 행성이 발견되어야 합니다. 초기에는 발견이 더뎠지만, 2009년 NASA에서 케플러 탐사선을 발사하면서 가속도가 붙었습니다. 연료 소진으로 탐사 임무를 마치게 된 2018년까지 9년 반 동안 케플러 탐사선은 외계 행성을 2,600개 찾아냈고 방대한 양의 관측 데이터를 남겼습니다. 지금까지 확인된 외계 행성의 수는 5,000개를 넘어섰습니다. 대부분의 항성은 행성을 거느리고 있는 것으로 추측됩니다.

생명체 거주 가능 영역(골디락스 존)에 존재하는 지구와 비슷한 크기의 행성도 20개 정도 발견되었습니다. 생명체 거주 가능 영역이란 말 그대로 생명체가 생존할 수 있는 영역입니다. 생명체가 존재하기 위해서는 액체 상태의 물이 안정적으로 존재해야 하고, 온도가 적당해야 하는 등의 조건을 충족해야 합니다. 항성과 너무 가까워도 안 되고 너무 멀어도 안 됩니다. 크기도 지구에 비해 매우 크거나 작으면 중력의 영향이 너무 크거나 작아 생명체가 살 수 있는 환경이 될 수 없습니다.

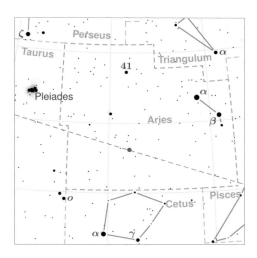

티가든의 별(정가운데 붉은 원)

2019년에 발견된, '티가든의 별' 주위를 도는 행성 두 개 가운데 하나인 '티가든 b'는 지구와 상당히 유사할 것으로 평가받고 있습니다. 액체 상태의 물이 존재할 수 있는 생명체 거주 가능 영역 내에 있으며, 지구보다 약간 무거운 행성이기 때문입니다.

그러면 이 행성에는 사람이 살 수 있을까요? 이론적으로는 가능합니다. 그런데 티가든 b는 지구에서 약 12광년 떨어져 있습니다. 즉, 빛의 속도로 이동해도 12년이 걸린다는 뜻이지요. 실제로 빛의 속도로 이동하는 것도 불가능합니다.

2019년에는 'K2-18b'라고 불리는 행성에서 태양계 바깥에서는 처음으로 수증기가 관측되어 천문학자들의 주목을 받았습니다. 바다의 존재 여부는 아직 확인되지 않았지만, 생명체가 존재할 가능성이 높다는 연구 결과가 있었습니다. 다만, 지구에서 약 124광년 떨어진 사자자리에 있는 적색왜성 K2-18을 돌고 있는 행성으로, 빛의 속도로도 124년 만에 도달할 수 있는 아주 먼 거리에 있습니다.

그렇지만 언젠가 인간이 지구에서 더 이상 살 수 없는 상황이 온다면 몇 세대에 걸쳐서라도 이주할 사람이 있지 않을까요?

왜 별이 있는데도
밤하늘이 어두울까?

· 올베르스의 역설 ·

올베르스의 역설은 밤하늘이 왜 어두운지에 대한 의문이다.
사진은 말머리 성운으로 유명한 오리온 자리의 암흑 성운이다.

우주 공간에는 별들이 무수히 흩어져 있습니다. 단순하게 생각하면 그 수많은 별에서 오는 빛으로 가득 차서 밤하늘도 밝아야 할 것 같지 않나요? 나아가 별의 개수가 무수히 많다면 그 별에서 나오는 빛이 다 합쳐져 밤하늘도 무한히 밝아져야 하지 않는가 하는 궁금증이 들 수도 있습니다. 실제로 우리가 보는 밤하늘은 왜 어두운 것일까요?

보통은 밤에는 햇빛이 비치지 않기 때문이라고 배운 걸 떠올릴 겁니다. 햇빛이 닿는 반쪽이 낮이고, 그 반대쪽은 밤이라고요. 하지만 해가 떠 있지 않은 밤이라도 하늘에는 태양과 같이 스스로 빛을 내는 별들이 무수히 많습니다. 만약 밝게 빛나는 별이 무한하게 존재한다면 어떨까요? 우리가 어느 방향으로 바라보든 빛나는 별들로 가득 채워진 하늘이 낮이든 밤이든 밝게 빛날 것입니다.

이는 깊은 숲속에 들어갔다고 상상해 보면 이해하기 쉽습니다. 나와 가까운 곳부터 먼 곳까지 무수히 많은 나무가 서 있습니다. 가까이 있는 나무는 커 보이고, 멀리 있는 나무는 작게 보이며, 깊이 들어갈수록 시야에 들어오는 나무가 많습니다. 그래서 깊은 숲속으로 들어가면 어느 방향으로든 나무들이 시야를 가려 숲의 바깥 모습을 볼 수 없습니다.

이것과 마찬가지로 별이 가까이 있으면 밝게 보이고, 멀리 있으면 어둡게 보이며, 별의 개수는 거리의 제곱에 비례해 늘어납니다. 즉, 거리가 멀어질수록 시야에 들어오는 별의 개수가 많아지고, 그만큼 밝아지는 것입니다. 그렇다면 더더욱 어느 방향으로 밤하늘을 바라보든 환하게 밝아야 합니다. 하지만 여전히 밤하늘은 어둡습니다. 이상하지요? 이 문제는 1823년 독일의 천문학자 하인리히 올베르스(Heinrich Olbers)가 제기했기 때문에 '올베르스의 역설'이라고 불립니다.

하지만 올베르스가 처음 제기했던 것은 아니었고 오랫동안 많은 과학자의 골머리를 썩여온 문제였습니다. 그러면 어떻게 이 문제를 해결할까요? 우선 '밤하늘은 원래 밝게 빛나야 한다'라는 것은 '우주는 무한히 넓고, 무한히 많은 별들이 고르게 분포되어 있다'라는 것을 전제로 합니다.

우주는 무한히 넓고 별의 개수도 무한하다고 생각했던 이유는

하인리히 올베르스(왼쪽 그림)와 올베르스의 역설(오른쪽 QR코드)

별이 한곳에 모여 있지 않기 때문이었습니다. 질량을 가진 물체들 사이에는 서로를 끌어당기는 인력이 작용하므로 별의 개수가 유한하다면 언젠가는 별들이 어느 한 곳에 모여야 합니다. 그렇지 않다는 말은 우주가 무한하고, 별들이 절묘한 균형을 이루며 균일하게 분포되어 있기 때문일 거라고 여겼던 것이지요.

그렇다면 올베르스는 어땠을까요? 올베르스는 이런 생각에 더해 "우주에 불투명한 무언가가 있어 별에서 나오는 빛을 막고 있다"라고 주장했습니다. 실제로 우주 공간에는 희박한 가스나 먼지가 있습니다. '성간 물질'이지요. 확실히 성간 물질의 밀도가 높은 곳에서는 별빛이 가려집니다. 그 때문에 어둡게 보이는 영역을 '암흑 성운'이라고 부릅니다.

하지만 우주가 성간 물질로 가득 차 있더라도 무한히 많은 별

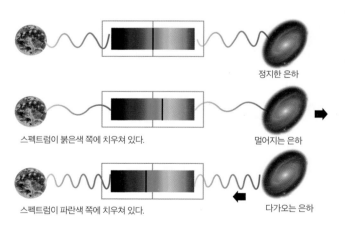

정지한 은하

스펙트럼이 붉은색 쪽에 치우쳐 있다.   멀어지는 은하

스펙트럼이 파란색 쪽에 치우쳐 있다.   다가오는 은하

별빛 스펙트럼의 적색편이

에서 나오는 빛을 흡수하여 그 물질의 온도가 올라가면 결국에는 성운 뒤에 있는 별빛과 같은 정도의 빛을 방출하게 됩니다. 게다가 실제로는 암흑 성운이 있는 곳처럼 불투명한 영역은 극히 일부분일 뿐, 우주 공간의 대부분은 투명합니다. 아쉽게도 성간 물질로는 이 역설을 설명할 수 없습니다.

올베르스 외에도 이 역설을 설명하기 위해 과학자들은 다양한 해답을 내놓았습니다. 그중 한 예는 1952년에 헤르만 본디(Hermann Bondi)가 제시한 적색편이에 의한 이론입니다. 20세기 초반에 우주가 팽창하고 있다는 사실이 밝혀지면서 빛의 파장이 길어지고 있다는 사실도 알게 되었습니다. 이것이 '적색편이'입니다.

아주 멀리 떨어진 곳에 있는 별에서 가시광선이 방출되더라도, 지구에 도달할 때쯤이면 파장이 길어져 눈에 보이지 않는 적외선이나 전파가 되어 버린다는 것입니다. 본디의 이론이 틀리지는 않았지만, 적색편이 효과만으로 밤하늘이 어두운 이유를 다 설명할 수는 없었습니다.

우주에는
한계가 있다는 증거

· 우주팽창 ·

100광년 떨어진 별에서 지구에 도달한 빛은 100년 전에 방출된 빛이다.
관측할 수 있는 빛을 보았을 때, 우리가 볼 수 있는 우주의 크기는 유한하다.

자, 이제 답을 알아봅시다. 올베르스의 역설을 해결하는 설명은 '우주에는 시작이 있다'입니다. 이 역설을 처음 설명한 사람은 윌리엄 톰슨(William Thomson)으로 알려져 있습니다. 사실 톰슨은 1901년에 이미 해답을 내놓았지만 한동안 주목받지 못했습니다.

톰슨은 과거 우주에 밝게 빛나는 별이 전혀 존재하지 않는 시기가 있었고, 지구에서 볼 수 있는 우주의 크기에도 한계가 있다는 등 현대의 우주상에 가까운 우주의 모습을 상상했습니다. 그리고 별에는 수명이 있으며, 눈으로 볼 수 있는 우주의 범위도 한

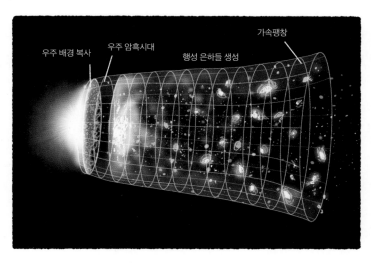

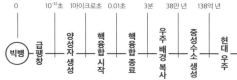

급팽창 우주와 가속 팽창 우주

정된다는 점 등을 들어 밤하늘이 어두운 것이라고 설명했습니다.

올베르스가 활동하던 시절에는 우주에는 시작도 끝도 없고, 별들은 아주 오래전부터 그곳에서 빛나고 있다고 생각했습니다. 그러나 그것은 사실이 아니었지요. 앞에서 적색편이를 잠깐 설명했는데, 1929년 미국의 천문학자 에드윈 허블(Edwin Hubble)은 우주가 팽창하고 있다는 증거를 발견했습니다. 우주가 팽창하고 있다는 말은 즉, 시간을 거슬러 올라가면 우주가 한 점에 모여 있었다는 의미입니다. 우주에 시작이 있다는 뜻이지요.

오늘날 우리는 우주가 약 138억 년 전에 탄생했다는 것을 알고 있습니다. 빛의 속도는 유한하며, 100광년 떨어진 별에서 지금의 지구에 도달한 빛은 100년 전에 방출된 빛입니다. 우주가 탄생한 약 138억 년 전부터 지금까지 빛이 도달할 수 있는 거리 이내에 있는 별의 빛만 관측할 수 있는 것이지요. 우주가 무한한지 아닌지는 접어두고서라도, 적어도 우리가 볼 수 있는 우주의 크기는 유한하다는 말입니다.

그렇다면 시간이 지날수록 밤하늘은 점점 더 밝아질까요? 우주가 팽창한다는 사실을 무시하면 더 먼 별에서 오는 빛이 늘어나기 때문에 그렇게 되겠지요. 전체적으로 볼 때 적색편이의 효과는 적으므로, 단순하게 생각하면 시간이 지날수록 밝아진다고 볼 수 있습니다. 하지만 시간이 더 흐르면 이번에는 가까이 보이는 별들이 다 타버리기 때문에 어두워질 겁니다.

변하는 것과
결코 변하지 않는 것

· 빛의 속도와 상대성 이론 ·

빛은 진공에서도 나아가는 파동이다.
상대성 이론은 움직이는 사람과 멈춰 있는 사람은 다른 시간과 공간을 경험한다는 것이다.

빛의 속도는 초속 약 30만km로, 지구에서 달까지 2초도 채 걸리지 않는 시간에 도달할 수 있는 속도입니다. 엄청나게 빠르지만, 유한하다는 점이 핵심입니다. 우주의 크기를 생각하면 느리다고도 할 수 있겠지요.

빛은 파동의 일종이지만, 우리가 알고 있는 다른 파동과 다른 점은 아무것도 없는 진공 속을 나아간다는 점입니다. 예를 들어, 소리는 공기의 밀도 변화가 파동으로 전달되는 것이므로 공기가 없는 우주에서는 소리가 들리지 않습니다. SF 영화에서 우주에서 총소리나 폭발음 등이 나는 것은 극적인 효과를 노린 것에 불과합니다. 반면에 빛은 거의 진공에 가까운 우주공간을 통과합니다. 공간에 물질이 없어도 전달되는 특수한 파동인 것이지요.

그리고 빛의 속도는 관찰자의 운동 상태와는 상관없이 항상 일정합니다. 아인슈타인(Alfred Einstein)은 이것을 하나의 원리, 즉 '광속 불변 원리'로 받아들여 상대성 이론의 기본 원리로 삼았습니다.

빛의 속도가 항상 일정하다는 것은 어떤 의미일까요? 일반적으로 속도를 측정하려면 반드시 기준이 되는 것이 있어야 합니다. 파동이 어떤 방향으로 진행하고 있을 때, 관찰자가 정지해 있느냐, 파동의 진행 방향과 같은 방향으로 움직이느냐, 파동과 반대 방향으로 움직이느냐에 따라 눈에 보이는 속도가 달라집니다. 파동과 같은 속도, 같은 방향으로 움직이는 사람에게는 파동이 멈쳐 있는 것처럼 보입니다.

예를 들어, 기차를 타고 가다 창밖으로 같은 방향, 같은 속도로 달리고 있는 기차를 보면 정지해 있는 것처럼 보일 것입니다. 또는 맞은편에서 달려와 스쳐 지나가는 기차는 매우 빠르게 느껴지기도 합니다. 이처럼 '관찰자의 운동 상태에 따라 관찰 대상의 속도가 달라진다'라는 것은 일상 경험으로도 알 수 있습니다.

하지만 빛의 속도는 그렇지 않습니다. 빛이 나아가는 방향으로 쫓아가면서 측정하든, 빛과 반대 방향으로 움직이면서 측정하든 항상 결과는 같습니다. 당시까지의 물리학 상식인 뉴턴 역학으로 보자면 도무지 납득할 수 없는 일이었습니다. 이를 명쾌하게 해결한 인물이 바로 천재 물리학자라 불리는 아인슈타인입니다. 아인슈타인은 빛의 속도는 일정하고, 시간과 공간은 관찰하는 사람에 따라 달라진다고 주장했습니다.

그때까지 시간과 공간은 누구에게나 공통적이라는 것이 상식이었습니다. 하지만 아인슈타인은 이 상식을 뒤집었습니다. 움직이는 사람과 멈춰 있는 사람은 다른 시간과 공간을 경험한다고 생각하면 설명이 됩니다. 시간과 공간은 누구에게나 공통적인 것이 아니라 상대적인 것입니다. 즉, 빛의 속도는 변하지 않고 시간과 길이가 달라진다는 것이지요. 멈춰 있는 사람이 봤을 때 움직이는 사람의 시간은 상대적으로 느리게 흐르고, 길이는 진행 방향으로 줄어드는 것처럼 보입니다.

상대성 이론의 효과는 관찰하는 대상이 광속에 맞먹을 정도의 아주 빠른 속도로 운동할 때 일어납니다. 일상생활에서 상대성 이론의 효과를 느끼지 못하는 이유는 우리가 경험하는 속도가 빛의 속도에 비해 너무나 느리기 때문입니다. 따라서 시간과 공간은 누구에게나 공통적인 것이라고 생각해도 생활에는 아무런 지장이 없습니다. 하지만 광속에 가까워지면 아인슈타인의 주장이 옳다는 것을 알 수 있습니다.

입자를 엄청나게 빠른 속도로 빙글빙글 돌게 하는 기계 중에 가속기라는 것이 있습니다. 광속에 가까운 속도로 가속하면 원래는 순식간에 붕괴되는 입자의 수명이 길어집니다. 광속에 가까운 입자의 시간은 우리보다 상대적으로 더 느리게 흐른다는 뜻입니다.

그럼, 어떻게 빛의 속도에 가깝게 가속할 수 있을까요? 질량이 작기 때문입니다. 전자 등의 입자는 굉장히 가볍기 때문에 가속하기 쉽습니다. 가속하면 할수록 빛의 속도에 가까워집니다. 물론 광속을 넘어설 수는 없습니다. 아무리 에너지를 가해도 광속의 99.9999…%까지만 도달할 뿐 결코 광속을 넘어서지는 못합니다.

세계에서 가장 유명한 아인슈타인의 방정식 $E=mc^2$은 에너지와 질량이 서로 변환될 수 있다는 것을 보여줍니다.

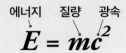

이 방정식에 따르면 에너지는 질량에 광속의 제곱을 곱한 값이므로 아주 작은 질량이라도 대단히 큰 에너지로 변환될 수 있습니다. 또한, 운동하는 물체의 속도가 광속에 가까워질수록 질량은 무한히 증가하므로 가속하는 데 막대한 에너지가 필요하다는 것을 알 수 있습니다. 물체에 가해진 에너지가 질량으로 변환되기 때문입니다. 가속기 내의 입자 역시 질량이 점점 증가합니다. 질량이 작기 때문에 광속에 가까워질 수 있지만, 광속으로 움직이려면 질량이 0이어야 합니다.

상대성 이론이 실생활에 적용된 대표적인 사례로 GPS를 꼽을 수 있습니다. GPS는 인공위성에서 나오는 전파(인공위성의 위치와 시간 정보를 담은)를 분석해 현재 위치를 알아내는데, 인공위성이 빠르게 움직이기 때문에 위성에 탑재된 시계는 지상의 시계보다 더 느리게 갑니다. 이를 보정해 주지 않으면 GPS가 가리키는 현재 위치와 실제 위치 사이에 몇 십 미터씩 오차가 발생하게 됩니다.

차원은 '이것'으로
구부러져 있다

· 중력의 정체 ·

아인슈타인은 시공간의 휘어짐이 중력이라고 했다.

아인슈타인은 1905년 시간과 공간은 상대적이라는 '특수 상대성 이론'을 발표했습니다. 이 이론의 특별한 점은 '중력을 무시한다'라는 점입니다. 즉, 중력을 무시한 특수한 환경에서 시간의 흐름과 공간의 크기는 관찰자에 따라 달라지는 상대적인 것이라고 했습니다.

그로부터 약 10년이 지난 1916년에 중력도 함께 통합적으로 설명하는 이론을 발표했습니다. 이것이 바로 '일반 상대성 이론'입니다. 일반 상대성 이론이 나오기 전까지 중력은 뉴턴의 만유인력의 법칙으로 설명되었습니다. 만유인력의 법칙에 따르면 두 물체 사이에는 서로 끌어당기는 힘(인력)이 직접 작용합니다. 뉴턴의 만유인력의 법칙은 온갖 중력 현상을 설명할 수 있음을 보였지만, 왜 중력이 작용하는지, 어떻게 먼 거리에서도 영향을 미치는지는 설명하지 못했습니다.

아인슈타인은 이 중력의 정체를 밝히기 위해 고민과 연구를 거듭했습니다. 그리고 마침내 중력이란 곧 시공간의 휘어짐이라는 결론에 도달했습니다. 즉, 중력은 물체들이 서로를 잡아당기는 힘이 아니라, 시공간의 휘어짐을 통해 물체에 힘이 작용하는 것입니다.

이게 무슨 뜻일까요? 휘어진 시공간이 어떤 모습일지 쉽게 상상하기 어려우므로(2차원의 휘어짐을 이해하려면 더 높은 차원인 3차원에서 생각해야 했던 것을 떠올려 보세요), 차원을 낮춰 생각해 보겠습니다. 가령 이곳저곳이 움푹 들어간 평면이 있다고 해 봅시다. 그 위로 공을 굴려보겠습니다. 그러면 공은 움푹 파인 곳으로 빨려 들어가듯이 움직일 것입니다.

이번에는 평평한 평면을 생각해 봅시다. 다만 평면은 얇은 고무판이라고 가정합니다. 이제 고무판 위에 볼링공을 놓아봅시다. 그러면 고무판은 볼링공의 무게로 움푹 파인 형태를 갖게 될 것입니다. 그다음에 볼링공과 조금 떨어진 곳에 아주 가벼운 탁구공을 놓습니다. 그러면 볼링공이 만든 움푹 파인 곳을 향해 탁구공이 굴러갈 것입니다. 마지막에는 탁구공이 볼링공에 부딪히게 됩니다. 이것은 어디까지나 비유일 뿐 정확한 설명은 아닙니다. 일단은 볼링공은 지구, 탁구공은 사과라고 이해하시면 됩니다.

질량이 큰 물체가 있으면 주변의 시공간이 휘어집니다. 그러면 휘어진 시공간 안에 있는 다른 물체는 멈춰 있지 않고 자연히 움직이기 시작합니다. 직접 힘이 작용하는 것은 아니지만, 휘어진 시공간 때문에 힘이 작용하는 것처럼 보입니다. 이것이 바로 중력의 정체입니다.

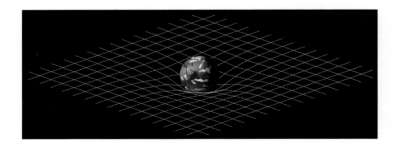

아는 만큼 보이는 세상 | 우주 편

시공간이 휘어지면서 움직이기 시작한 물체는 똑바로 나아가려고 해도 궤도가 휘어지게 됩니다. 지구도 마찬가지입니다. 태양에 의해 휘어진 시공간을 따라 움직이기 때문에 똑바로 나아가지 않고 태양 주위를 빙글빙글 도는 것입니다.

아파트 고층에 살면
더 빨리 늙을까?

· 시간의 왜곡 ·

밤에 먼 곳의 소리가 더 잘 들리는 건 지상과 상공의 온도 차이 때문이다.
블랙홀 표면의 시간은 매우 느려, 외부에서 볼 때는 거의 멈춘 것처럼 보인다.

앞서 볼링공과 탁구공의 비유대로라면 물체가 지구로 떨어지는 것은 공간의 휘어짐 때문이라고 생각하기 쉽지만, 사실 이것은 시간의 휘어짐의 영향이 더 큽니다. 시간의 흐름은 지구에서 볼 때 위쪽일수록 빠르고, 아래쪽일수록 느립니다. 그런 곳에 물체를 놓으면 자연히 아래로 떨어질 수밖에 없습니다.

강물을 예로 들어 보겠습니다. 강 가운데는 물이 빠르게 흐르고, 가장자리에는 느리게 흐릅니다. 이 강물에 공을 놓으면 어떻게 될까요? 공은 물의 흐름이 빠른 강 가운데에서 느린 강가로 밀려오게 됩니다. 결국 공은 강가에 닿을 것입니다.

밤에는 먼 곳의 소리가 더 잘 들리는 현상이 있는데, 이는 지상과 상공의 온도 차이 때문입니다. 소리의 속력은 공기의 온도가 높을수록 빠르므로 소리의 방향은 더운 공기 쪽에서 찬 공기 쪽으로 휘어지게 됩니다. 낮에는 지상의 온도가 높고 상공이 낮기 때문에 소리가 상공으로 퍼지므로 지면 부근에서는 소리가 잘 들리지 않습니다. 반대로 밤에는 지상과 상공의 온도가 뒤바뀌므로 소리가 아래로 휘어지는 것입니다.

강물이나 소리의 예와 마찬가지로 물체도 시간의 흐름이 빠른 쪽에서 느린 쪽으로 이동합니다. 지구의 표면에 가까이 있을수록 시간의 흐름이 느려집니다. 큰 질량, 큰 에너지가 있는 곳에 가까울수록 시간이 느리게 가는 성질이 있는 것이지요. 지구상에서 물체가 떨어지는 것과 관련해서는 분명히 시간의 흐름의 차이가 작용합니다.

하지만 일반 시계로 측정하면 평지에서나 산 정상에서나 별반 차이가 없습니다. 그런데 최근에 도쿄 대학의 가토리 히데토시(香取秀俊) 교수가 소수점 이하 18자리까지 정확하게 시간을 잴 수 있는 광격자 시계를 개발했습니다. 이것은 100억 년에 1초가 틀릴 정도의 정확도입니다. 이 시계를 단 몇 cm만 들어 올려도 시간이 더 빨리 가는 것을 확인할 수 있습니다.

그렇다면 혹시 아파트 고층보다 저층에 사는 게 더 좋을까요? 고층에 사는 사람이 더 빨리 늙는다는 말이 되는데 말이죠. 하지만 고층이든 저층이든 경험하는 시간은 같기 때문에 어느 쪽이 더 좋다고 할 수는 없습니다. 극단적으로 중력이 강한 별에 고층 아파트가 있다고 해 봅시다. 고층에서는 1년이 지났는데 저층에서는 아직 반년밖에 지나지 않았을 수도 있겠지요. 하지만 저층에 사는 사람의 1년이 반년이 된 것은 아닙니다. 그 사람에게는 평소와 전혀 다를 게 없는 반년입니다. 상대적으로 시간이 빨리 흐르는 사람과 느리게 흐르는 사람이 생기게 되는 것이고, 시계가 맞지 않게 되는 것뿐이지요.

고층 아파트보다 더 흥미로운 예를 하나 생각해 봅시다. 새까만 구멍이라는 뜻의 블랙홀, 누구나 한 번쯤은 들어봤을 겁니다. 블랙홀은 극히 작은 영역에 엄청난 양의 물질이 응축된 천체입니다. 질량이 어마어마하게 커서 시공간도 극단적으로 휘어집니다.

빛조차 한번 블랙홀에 빠지면 다시 빠져나올 수 없습니다. 블랙홀의 표면에서는 시간이 느려지는 정도로 끝나지 않습니다. 외부에서 볼 때는 시간이 멈춰버린 것처럼 보입니다.

우주 비행사가 우주선을 타고 블랙홀 속으로 뛰어든다고 가정해 봅시다. 멀리서 그 모습을 지켜보고 있으면 우주선의 움직임은 점점 더 느려집니다. 슬로 모션처럼 움직이던 우주선은 블랙홀의 표면까지 다가가면 거의 움직이지 않게 됩니다. 마치 시간이 멈춘 것처럼 완전히 멈춰버립니다. 아무리 기다려도 앞으로 나아가지 않습니다.

하지만 이것은 외부에서 봤을 때의 이야기입니다. 블랙홀로 돌진하는 우주 비행사 본인의 시간은 평소와 다름없이 흘러가고 있습니다. 반대로 주변 세계가 더 빠르게 움직이는 것처럼 보입니

블랙홀 강착원반의 시각화

다. 우주 비행사는 블랙홀의 표면을 지나 더 안쪽으로 들어갑니다. 더 이상 외부와 교신할 수 없게 됩니다. 빛도 전파도 블랙홀 밖으로 빠져나갈 수 없기 때문입니다. 블랙홀 내부를 알 수 있는 것은 오직 우주 비행사 본인밖에 없습니다.

그렇다면 이 우주 비행사는 블랙홀 내부에서 어떻게 될까요? 블랙홀의 중심부 부근은 중력의 변화가 심해 각 신체 부위에 작용하는 중력의 차이가 너무 커집니다. 만약 다리부터 들어가면 몸은 세로로는 잡아당겨지고 가로로는 짓눌려 가늘고 길게 쭉 늘어납니다. 이를 '국수 효과'라고 합니다.

물론 이런 변화를 견딜 수 있는 사람은 없습니다. 불행히도 온몸이 산산조각 나게 되겠지요.

만약 지구에
중력이 없다면?

· 무중력 상태 ·

우주정거장은 사실 공중에 떠 있는 것이 아니라 아래로 떨어지고 있다.

어때요, 중력에 관한 이야기는 정말 흥미롭지요? 잠깐만요. 시공간의 휘어짐이 중력을 만들어 낸다면, 우주가 무중력 상태라는 건 이상하지 않나요? 별들이 시공간을 휘어서 중력이 발생하는 것 아닌가요?

예를 하나 들어보겠습니다. TV에서 우주정거장에서 우주인이나 물건이 둥둥 떠다니는 모습을 본 적이 있을 것입니다. 그래서 우주정거장은 무중력 상태라고 생각할 수 있는데, 사실은 공중에 떠 있는 것이 아니라 아래로 떨어지고 있어요. 우주정거장은 지구에서 벗어나 우주로 나아가려고 해도 시공간이 휘어져 있기 때문에 지구를 향해 떨어지고 있는 것입니다. 계속 떨어지면서 지

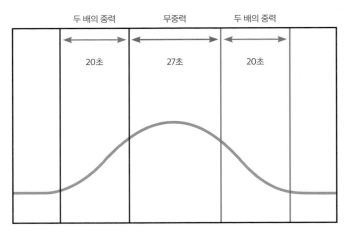

무중력 적응 훈련 시 중력 상태

무중력 적응을 위한 저중력 항공기 훈련은 일정 고도까지 올라가고 다시 내려오는 포물선 항로를 40~60회 가량 반복하는 훈련이다. 정점 부근에서 약 27초가량 무중력 상태를 경험한다.

아는 만큼 보이는 세상 | 우주 편

구 주변을 빙글빙글 돌고 있지요.

또한, 놀이공원에서 바이킹이나 롤러코스터를 탈 때 높은 곳에서 아래로 갑자기 떨어지면 몸이 붕 뜬 느낌인 무중력 상태를 경험하게 됩니다. 이는 내 몸을 떠받치고 있는 것과 내가 똑같은 속도로 떨어지고 있기 때문에 중력을 느끼지 못하게 되는 것입니다.

우주정거장도 마찬가지입니다. 지구로 인해 휘어진 시공간을 따라 지구 주변을 돌면서 지구를 향해 떨어지고 있으므로, 그런 의미에서 우주정거장의 내부는 무중력 상태가 아닙니다. 다만 우주정거장 안에 머무는 우주인이 우주정거장과 함께 떨어지고 있기 때문에 마치 무중력 상태처럼 보이는 것뿐이지요.

그렇다면 아래로 떨어지지 않는 무중력 공간 같은 것은 없는 걸까요? 태양계 안에서는 태양의 중심을 향해 떨어지고 있고, 우리은하 내에서도 역시 중심을 향해 떨어지고 있습니다. 우리은하를 벗어나 아주 멀리까지 가면 시공간의 휘어짐이 거의 없는 곳도 있을 수 있겠지요. 다만, 휘어짐이 작을 뿐이지 전혀 없지는 않습니다. 안타깝지만 원하는 곳은 찾을 수 없을 것 같군요.

2

CHAPTER

우주는
지금도
풍선처럼
부풀고 있다?

- 우주의 구조 -

우리가 볼 수 있는
최대한의 우주

· 우주의 지평선 ·

우리가 관측할 수 있는 최대의 지점을 '우주의 지평선'이라 부른다.

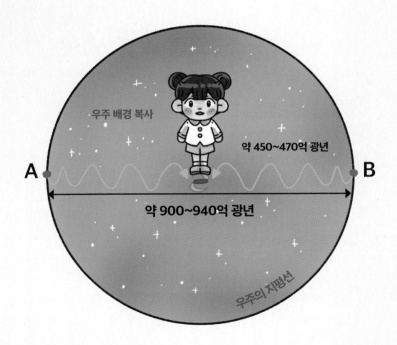

이번에는 우주는 무한한가, 어떤 모습을 하고 있는가를 생각해 보겠습니다.

앞선 장에서 우주에는 시작이 있으며, 우주가 탄생한 지 138억 년이 지났다고 말했습니다. 초기에는 아주 작았던 우주가 급격하게 팽창하면서 엄청난 크기로 커졌습니다. 지금도 계속해서 팽창하고 있으며, 지금 이 순간에도 팽창하고 있습니다.

우리는 빛을 이용해 우주를 '관측'할 수 있습니다. 반대로 말하면 우주가 시작된 이래 지금까지 빛이 도달할 수 있는 거리보다 더 멀리까지 내다볼 수 없다는 말이지요. 어쨌든 우주의 나이가 138억 년이므로, 우리가 관측할 수 있는 우주의 크기는 반지름이 138억 광년이 된다는 뜻입니다.

그런데 우주는 팽창하고 있으므로, 실제 빛이 진행하는 시간 동안에도 공간이 계속 팽창한 것을 고려해 계산하면 약 450억 광년이 됩니다. 즉, 우리가 관측할 수 있는 우주의 범위는 반지름 450억 광년, 그 지점이 '우주의 지평선(horizon)'입니다.

지구상에서 넓은 들판에 서서 멀리 내다보면 그 너머가 보이지 않는 지평선이 있지요? 마찬가지로 우주에도 그 너머가 보이지 않는 지평선이 있습니다. 다만, 사실은 선이 아니라 2차원의 면이므로 지평선 대신 지평면이 좀 더 정확한 표현이라고 할 수 있습니다.

우주는
매일매일 커진다!

· 급팽창 이론 ·

그림은 지구에서 모든 천체가 멀어지는 현상에 대한 설명이다.
우주의 팽창으로 모든 천체가 지구에서 멀어지고 있으며, 멀리 있을수록 더 빨리 멀어진다.

시간

우주의 나이는 여러 관측과 연구를 거듭한 끝에 얻은 값인데, 간단히 말하면 우주의 팽창 속도에서 추정한 것입니다. 멀리 있는 천체는 지구로부터 모든 방향으로 멀어지는 것처럼 보입니다. 그래서 우주의 팽창 속도를 구하기 위해서는 멀리 있는 천체가 멀어지는 속도와 거리를 구하면 됩니다.

먼저 지구로부터 천체의 거리를 구하고, 이것을 천체가 멀어지는 속도로 나눕니다. 그러면 그 천체가 처음 있던 위치에서 그 지점까지 멀어지는 데 걸린 시간, 즉 우주의 나이를 구할 수 있습니다. 실제로는 천체가 멀어지는 속도가 빨라지기도 하고 느려지기도 하기 때문에 그렇게 단순하지는 않지만, 그것까지 고려하면 약 138억 년이라는 계산이 나옵니다.

우리가 관측 가능한 범위는 빛이 도달할 수 있는 범위까지라고 했는데 우주가 그보다 더 크다는 것은 우주의 팽창 속도가 빛

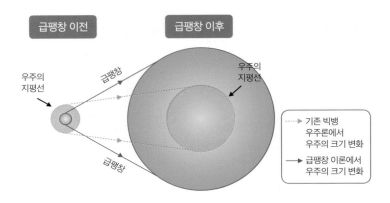

기존 빅뱅 우주론과 급팽창 이론의 우주 팽창 모형

의 속도보다 빠르다는 뜻인지 헷갈릴 수도 있을 듯합니다. 하지만 지구에서 멀리 떨어져 있는 곳은 빛의 속도보다 빠릅니다. 팽창하는 우주에서는 거리에 비례하는 속도로 멀어지고 있지요. 두 배 거리에 있는 천체는 두 배 속도로 멀어집니다. 더 멀리 떨어져 있을수록 속도가 빨라지기 때문에 어느 지점에 이르면 반드시 팽창 속도가 빛의 속도를 넘어서게 됩니다.

빅뱅 우주론	급팽창 이론
• **팽창 속도** 광속 • **우주의 크기** 우주의 지평선과 동일	• **팽창 속도** 광속보다 빠름 • **우주의 크기** 우주의 지평선 보다 큼

빛의 속도를 넘어선다니 이상하다고 생각할 수 있습니다. 빛의 속도보다 빠른 것은 없다고 배웠으니까요. 하지만 빛의 속도를 넘어설 수 없다는 규칙은 물체에 적용되는 것이므로, 공간 자체의 팽창은 광속보다 빨라도 아무런 문제가 없습니다. 빛의 속도를 넘어서는 속도로 멀어지는 물체는 관측할 수 없습니다. 빛이 도달하지 않으니까요.

그럼 만약 우주의 팽창 속도보다 빛의 속도가 더 빠르다면 전부 관측할 수 있다는 말일까요? 네, 맞습니다. 우리는 팽창 속도가 빛의 속도를 넘어서지 않는 지점까지만 보고 있는 것이기에 관측할 수 있는 우주의 바깥에는 무엇이 있는지 알 수 없습니다. 아무리 애를 써도 볼 수 없습니다.

다만 우리가 관측할 수 있는 우주는 전체적으로 균일합니다. 이로부터 추측해 보면, 우리가 관측할 수 있는 우주의 바깥이 갑자기 달라지지는 않았을 것이고, 관측 범위 바깥에도 비슷한 우주가 펼쳐져 있지 않을까 하는 생각이 듭니다.

그렇다면 우주는 팽창하는데 지구는 왜 팽창하지 않을까요? 그 이유는 달라붙어 있기 때문입니다. 달라붙어 있는 것은 팽창하지 않아요. 우리의 몸은 원자, 분자로 이루어져 있습니다. 화학 결합으로 단단히 붙어 있는 것을 떼어낼 정도의 힘이 우주 팽창에는

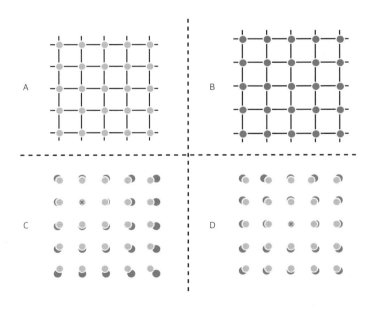

A에서 B로 확장했다고 할 때, C와 D는 A와 B에 대해 각각 다른 점을 중심으로 겹쳐놓은 것이다. 어느 쪽에서 보든 자신을 중심으로 모두 멀어지는 것으로 보인다.

아는 만큼 보이는 세상 | 우주 편

없습니다. 만약 엄청나게 빠른 속도로 팽창하고 있다면 우리도 팽창하겠지만, 현실의 팽창은 느리게 진행됩니다.

예를 들어, 아무런 힘이 작용하지 않는 장소가 있고, 이와 1m 떨어진 곳에 무한히 작은 질량을 가진 입자를 놓는다고 가정해 봅시다. 우주 팽창의 힘으로 이 입자가 멀어지는 것은 1년에 150억분의 1m 정도입니다.

그렇다면 팽창의 중심은 어디인가요? 우리가 있는 장소를 중심으로 우주가 팽창하는 것처럼 보이는 것일 뿐, 우리가 있는 곳이 우주의 중심은 아닙니다. 멀리 떨어져 있는 천체에 있는 사람이 볼 때에도 자신을 중심으로 팽창하는 것처럼 보입니다. 그래서 중심이 없다고도 할 수 있고, 모든 것이 중심이라고도 할 수 있습니다.

84쪽 그림처럼 2차원으로 바꿔 생각해 봅시다. 어느 점에서 보더라도 다른 점들이 멀어져 갑니다. 어느 점이 중심이라고 정할 수 없습니다. 또한, 멀리 있는 점일수록 더 거리가 멀어진 것을 알 수 있습니다.

우주가 맑아지자
생겨난 일

· 우주의 맑게 갬 ·

원자가 만들어지며 우주의 가시거리가 늘어난 것을 '우주의 맑게 갬'이라 한다.
현재는 38만 살 이후의 우주의 모습까지 관측할 수 있다.

자, 이야기를 조금 되돌려 봅시다. 우주에 '시작'이 있다는 것을 알게 되면 여러 가지가 궁금해집니다. 어떻게 시작되었을까? 우주가 시작되기 전에는 어땠을까? 시작이 있다면 끝도 있는 걸까? 궁금증은 끝이 없습니다.

사실 우리는 우주의 과거 모습을 어느 정도 직접 볼 수 있습니다. 왜냐하면 광대한 우주 공간에서는 거리가 곧 시간이기 때문입니다. 지금 우리가 보고 있는 1억 광년 떨어진 별의 빛, 그것은 1억 년 전의 빛입니다. 1억 년 걸려 우리에게 도달한 것이니까요. 더 먼 곳을 보는 것은 곧 더 먼 과거의 우주를 보는 것과 같습니다.

하지만 아쉽게도 우주가 시작된 순간은 아무리 기술이 발달해도 볼 수 없습니다. 간단히 말하면 이 시기의 우주는 빛으로는 관측할 수 없다는 말입니다. 우주가 시작되고 처음 37만 년 동안 우

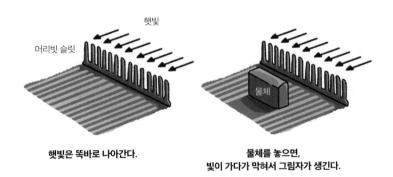

햇빛은 똑바로 나아간다.

**물체를 놓으면,
빛이 가다가 막혀서 그림자가 생긴다.**

빛의 직진과 그림자

주는 전자기파로 가득 차 있었고, 각각 전하를 띤 대량의 원자핵과 전자가 자유롭게 돌아다녔습니다. 빛은 원자핵이나 전자와 끊임없이 충돌하여 직진할 수 없었고 우주는 마치 안개가 낀 것처럼 불투명했습니다.

그러다가 38만 년쯤 지났을 때 전자가 원자핵에 붙잡혀 원자가 만들어졌습니다. 그 후 비로소 빛은 직진 운동을 할 수 있게 되었고, 우주는 투명해졌습니다. 이를 '우주의 맑게 갬' 현상이라고 부릅니다.

빛은 원자와는 부딪히지 않았어요. 그 이유는 빛은 양전하나 음전하를 띤 입자와는 잘 반응하지만, 중성인 입자와는 잘 반응하지 않기 때문입니다. 원자는 중성이기 때문에 잘 반응하지 않았던 것이지요. 원자 역시 양전하와 음전하를 띤 입자로 쪼개질 수 있기 때문에 빛이 아주 가까이 가면 반응할 수 있지만, 멀리 떨어져 있을 때는 반응하지 않습니다. 그냥 스쳐 지나갑니다.

전자는 음전하를 띠고 있습니다. 전자는 자유롭게 돌아다니고 있으니 금방 반응해 부딪히게 되는 것이지요. 빛은 양전하를 띤 양성자에도 반응하지만, 가벼운 전자와 훨씬 더 쉽게 반응합니다.

어쨌든 현재 우리가 관측할 수 있는 것은 38만 살 이후의 우주입니다. 우주는 138억 년 전에 태어났으니 꽤 젊은 우주의 모습을 확인할 수 있다고 할 수 있겠군요. 38만 살의 우주는 온도가 3,000℃였고, 백열전구만큼 밝게 빛나고 있었습니다. 이후 우주가 팽창하면서 온도가 내려갔습니다. 빛의 파장도 늘어나 밝기도 달라졌습니다.

반대로 38만 살 이전, 우주 탄생 이후 초기에 생긴 별에서 나온 빛은 파장이 짧은 자외선이었습니다. 빛으로 가득 찬 그곳에 만약 우리 인간이 있었다고 해도 맨눈으로는 그 빛을 볼 수 없었을 것입니다.

불균형이
만들어 낸 균형

· 우주 마이크로파 배경 복사 ·

사진은 플랑크(Planck) 위성으로 촬영한 CMB 복사 지도(2013)이다.
붉은색 영역은 상대적으로 고온이고, 파란색 영역은 상대적으로 저온이다.

우주가 38만 살일 때 방출된 빛은 전파로 관측되었습니다. 바로 우주 마이크로파 배경 복사(CMB, cosmic microwave background)입니다. 마이크로파는 전자기파의 일종으로, 파장대는 전자레인지에서 사용하는 것과 비슷합니다. 이 마이크로파는 우주의 모든 방향에서 오고, 밤하늘에 보이는 별보다 훨씬 먼 곳에서 오기 때문에 '배경 복사'라고 부릅니다.

우주 마이크로파 배경 복사를 지구에서 관측하면 어느 방향에서든 거의 같은 온도로 잡힙니다. 약 3K이죠. 우주의 맑게 갬이 일어났던 시기에는 온도가 약 3,500K였지만, 우주의 팽창과 더불어 파장이 길어져 온도가 낮아졌습니다.

또 어느 방향에서든 온도가 거의 같다는 것은 과거의 우주는 어디에서든 거의 같은 상태였다는 것을 의미합니다. 만약 커다란 변화가 있었다면, 관측된 우주 마이크로파 배경 복사의 온도에도

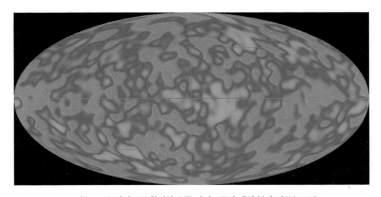

코비(COBE) 위성으로 촬영한 우주 마이크로파 배경 복사 지도(1992)

방향에 따라 큰 차이가 있을 것입니다.

다만, 완벽하게 균일한 것은 아닙니다. 실제로 장소에 따라 온도에 차이가 있는데, 이를 우주 마이크로파 배경 복사의 온도 요동이라고 합니다. 관측된 온도 요동의 크기는 10만분의 1K 정도로 매우 작으며, 이를 알기 쉽게 각각 짙고 옅은 색으로 표현한 것이 90쪽의 우주 마이크로파 배경 복사 지도입니다.

우주 마이크로파 배경 복사의 온도 요동이 처음 발견된 것은 1992년(91쪽 참고)으로, 당시에는 해상도가 낮아 좀 더 흐릿한 형태였지만 전 세계를 떠들썩하게 만들기에 충분했습니다.

만약 과거의 우주가 완전히 균일하고 불균형이 전혀 없었다면, 현재의 우주도 완전히 균일한 상태여야 합니다. 하지만 현재의 우주에는 별과 은하가 있고, 은하들이 모여 있는 은하단, 더 큰 규모의 초은하단도 있습니다. 반면에 거의 은하가 없는 빈터도

더블유맵(WMAP) 위성으로 촬영한 우주 마이크로파 배경 복사 지도(2003)

아는 만큼 보이는 세상 | 우주 편

있습니다. 즉 이러한 완전히 균일하지 않은 우주의 구조는 불균형이 만들어 낸 것입니다.

아주 미세한 불균형에 불과하지만, 그것이 우주의 구조의 씨앗을 만드는 핵심적인 역할을 합니다. 이 불균형이 없었다면 별과 은하가 만들어지지 못했을 것이고, 우리도 존재할 수 없었을 것입니다.

별은 어떻게 만들어졌을까?

· 암흑 물질 ·

사진은 헤어(hairs)라고 부르는 암흑 물질 필라멘트이다.
헤어는 암흑 물질 입자가 행성을 통과할 때 만들어진다.

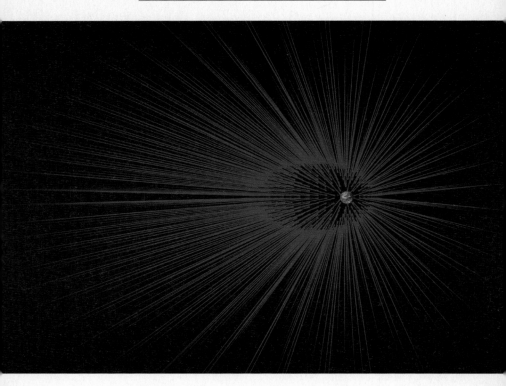

막 태어난 우주에는 아직 별이 존재하지 않았습니다. 어린 우주에 있는 것이라고는 빛, 원자, 암흑 물질밖에 없었습니다. 이 세 가지가 전 우주에 거의 고르게 흩어져 있었습니다. 이러한 물질이 일정한 밀도로 흩어져 있었다 해도, 아주 미세한 불균형은 있었습니다. 주변보다 조금 밀도가 높거나 낮은 곳이 있었습니다. 그러면 이러한 밀도가 높은 곳으로 주변의 물질이 모여듭니다. 중력에 의해 끌어당겨지기 때문입니다.

먼저 암흑 물질이 모입니다. 암흑 물질은 정체를 알 수 없는 물질입니다. 원자도 아니고 빛도 아닙니다. 암흑 물질은 빛을 내지 않으며, 빛도 그냥 통과시키기 때문에 눈으로 볼 수 없습니다. 하지만 중력은 가지고 있습니다. 암흑 물질이 모여 있으면 그 중력으로 물질이 당겨집니다.

중력과 반대 방향으로 작용하는 미지의 에너지를 암흑 에너지라고 한다.

암흑 물질은 눈에 보이지 않기 때문에 처음에는 과학자들 사이에서도 정말 존재하기는 하느냐는 의구심이 적지 않았습니다. 그런데 암흑 물질이 있을 경우에는 우주의 성질을 설명할 수 있고, 없는 경우에는 설명할 수 없습니다. 관측을 통해 암흑 물질이 존재한다는 간접 증거도 여럿 발견되었습니다. 현재는 '암흑 물질은 존재한다'라는 것을 전제로 합니다.

특히 최근에는 암흑 물질이 우주 전체에 어떻게 분포되어 있는지에 대한 연구가 진행되고 있습니다. 일반 상대성 이론에 근거해 중력이 있는 곳에서는 시공간이 휘어지고, 그 시공간을 따라가는 빛의 경로도 휘어진다는 사실을 이용해 조사하는 것입니다. 이를 '중력 렌즈 효과'라고 부릅니다. 암흑 물질이 모여 있는 곳이 있을 경우, 그 뒤에 있는 은하의 형태가 왜곡되어 보입니다. 이 왜곡을 자세히 관찰하고 분석하면 암흑 물질이 얼마나 존재하는지 추정할 수 있습니다.

별은 어떻게 만들어지는가 하는 이야기로 돌아가 봅시다. 막 태어난 우주에는 아무것도 없었지만, 시간이 지나면서 밀도가 높은 곳에 암흑 물질이 모여들었습니다. 암흑 물질은 뭉쳐 마치 천체처럼 덩어리가 되었습니다. 눈에 보이지 않으니 달리 뭐라고 표현할 수 없지만 어쨌든 덩어리가 생깁니다.

원자 등의 물질이 이 덩어리에 이끌려 모이게 됩니다. 물질들이 빽빽이 모이면 덩어리가 수축됩니다. 암흑 물질은 모여 있더라도 더 이상 수축되지는 않지만, 원자는 수축됩니다. 이 차이는 빛과 상호작용을 하느냐 마느냐에서 비롯됩니다. 물질이 빛과 상호작용을 하는 경우, 빛을 방출해 팽창하려는 힘을 상쇄해 수축할 수 있습니다. 다시 말해 원자는 빛과 상호작용해 수축하는 반면, 빛과 상호작용을 하지 않는 암흑 물질은 수축하지 않는 것이지요.

암흑 물질 덩어리의 중심 부분에 원자들이 조밀하게 모이면서 점점 수축되고, 그러다가 밀도가 높아지면 핵융합 반응이 일어납니다. 이때 에너지를 내뿜으며 빛을 냅니다. 이것이 바로 별입니다. 이와 같이 먼저 암흑 물질이 모였고, 이 암흑 물질로부터 별이 만들어졌습니다. 그다음에 별들이 서로 끌어당겨 은하가 만들어졌습니다.

은하는 수많은 별들이 모여 회전하고 있는 것인데, 이 은하의 주변은 암흑 물질로 둘러싸여 있습니다. 이는 은하의 회전 속도를 조사하여 은하 전체에 질량이 어떻게 분포되어 있는지 추정한 결과로 알게 되었습니다. 은하의 질량은 중심부에 집중되어 있지 않고 은하 외곽에도 상당히 분포하고 있는 것으로 나타났는데, 이로써 직접 검출되지 않지만 질량을 가진 암흑 물질이 은하 외곽에 많이 존재함을 알 수 있습니다. 지구가 속한 우리은하도 암흑 물질에 둘러싸여 있습니다.

우리의 은하는
어떻게 생겼을까?

· 은하 ·

은하가 모여 은하단이 되고, 은하단이 모여 초은하단이 된다.
사진은 우리은하(our galaxy)를 위에서 본 모습이다.

우리은하는 비교적 큰 편에 속하는 은하입니다. 우리가 밤하늘에서 보는 은하수는 우리은하 내부에서 본 모습입니다. 지름을 추정하면 10만 광년 이상입니다. 막대 모양의 중심부에서 소용돌이치는 나선 팔이 뻗어 나온 형태를 띠고 있는데, 이 유형을 '막대 나선 은하'라고 합니다.

막대 나선 은하는 나선 은하 중 하나입니다. 나선 은하는 소용돌이치는 나선 팔 모양 구조를 가지며, 우주에서 가장 흔한 유형입니다. 그래서 은하라고 하면 이 나선은하를 먼저 떠올리는 사람이 많을 것입니다.

그 밖에도 둥글거나 타원 모양에 소용돌이가 없는 형태의 '타원 은하'도 우주에는 많습니다. 나선 은하도 타원 은하도 아닌 중간 형태의 은하는 '렌즈형 은하'라고 합니다. 특정한 형태를 갖지 않는 '불규칙 은하'도 있습니다.

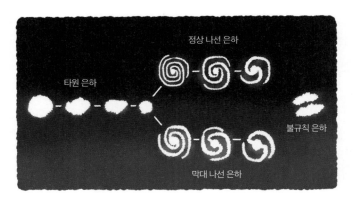

은하 분류

어떤 유형이든 간에 은하는 서로 모여 구조를 형성하는 경향이 있습니다. 중력이 작용하기 때문이지요. 이웃한 은하들끼리는 서로를 끌어당겨 무리를 짓습니다. 50개에서 몇 천 개에 이르는 은하가 한데 모이면 '은하단'이 됩니다. 이 은하단끼리도 서로를 끌어당겨 더 큰 '초은하단'을 이룹니다. 크기가 클수록 이동하는 데 시간이 걸리기 때문에 초은하단과 같은 큰 규모의 구조는 아직도 형성되는 과정에 있다고 볼 수 있습니다.

암흑 에너지가
우주를 살찌운다고?

· 우주 가속 팽창과 암흑 에너지 ·

우주가 팽창하면 암흑 에너지도 비례해 팽창한다.
사진은 지구에서 20억 광년 떨어진 은하단 아벨 1413(Abell 1413)이다.

앞으로 초은하단이 완전히 형성되는 때가 올까요? 사실 우주의 팽창 속도가 점점 빨라지고 있기 때문에 더 이상 모이지 못하고 은하단 단위로 흩어져 버릴 것으로 예측됩니다.

과학자들은 우주가 가속 팽창하는 원인을 설명하기 위해 암흑 에너지라는 개념을 도입했습니다. 암흑 에너지는 정체불명의 에너지로, 어느 한 곳에 모여 있지 않고 우주 공간 전체에 균일하게 퍼져 있습니다.

기존에는 천체들이 서로 끌어당기는 중력 때문에 우주의 팽창 속도가 점차 느려질 것으로 추측했습니다. 그런데 1980년대 후반부터 우주가 가속 팽창한다는 흔적이 포착되기 시작했습니다. 1998년과 1999년 두 곳의 연구 단체에서 지구에서 멀리 떨어진 초신성들의 폭발 현상을 관찰하고 분석한 결과, 우주가 가속 팽창하고 있다는 사실을 발견했다고 발표했습니다. 이는 우주론학자들은 물론이거니와 물리학자까지도 경악하게 했습니다. 기존 물리학으로는 설명할 수 없는 현상이었기 때문이지요.

1990년대 중반까지만 해도 암흑 에너지라는 용어는 없었습니다. 다만 우주를 팽창시키려는 힘을 가진 어떤 에너지가 있을 것이라는 아이디어는 아인슈타인의 시절부터 나왔습니다.

우주의 팽창을 가속시키는 것은 보통의 물질로는 불가능합니다. 가속 팽창을 설명하려면 정체를 알 수 없는 암흑 에너지라는 개념을 내세울 수밖에 없습니다. 그렇지 않으면 앞뒤가 맞지 않습니다.

암흑 에너지는 우주 전체 에너지의 68% 정도를 차지하는 것으로 알려져 있습니다. 이는 우주 마이크로 배경 복사의 온도 요동을 분석하여 우주에 존재하는 에너지의 총량을 알아낸 결과로, 이 정도 비율의 암흑 에너지가 있는 것으로 추정한 것입니다.

여기서 아인슈타인의 방정식 $E=mc^2$에서 알 수 있듯 질량과 에너지는 본질적으로 같습니다. 이에 따라 우주에 존재하는 원소들을 질량 에너지로 변환하면 우주의 총에너지의 5%에 불과합니

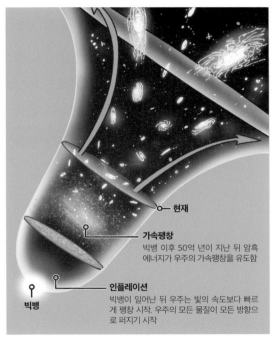

현재

가속팽창
빅뱅 이후 50억 년이 지난 뒤 암흑 에너지가 우주의 가속팽창을 유도함

인플레이션
빅뱅이 일어난 뒤 우주는 빛의 속도보다 빠르게 팽창 시작. 우주의 모든 물질이 모든 방향으로 퍼지기 시작

빅뱅

가속 팽창하는 우주의 역사

다. 나머지 95%는 암흑 물질과 암흑 에너지입니다. 정체불명의 암흑 물질의 비율은 관측과 이론에 따르면 27% 정도로 추정됩니다. 나머지 68%가 암흑 에너지인 셈입니다.

암흑 에너지는 부피당 에너지양이 일정합니다. 공간이 늘어나면 그 늘어난 부피에 비례해 공간이 늘어나면 부피에 비례해 에너지양도 늘어납니다. 즉, 우주가 팽창하면 암흑 에너지도 증가합니다. 이 때문에 우주가 가속 팽창하는 것입니다.

계산 결과에 따르면, 우주의 팽창은 점점 속도가 줄다가 대략 50억 년 전부터 다시 팽창 속도가 가속화되기 시작했습니다. 그 이후로도 계속해서 팽창을 가속화하고 있습니다. 우주의 미래는 여러 가지 가능성이 있는데, 그중에는 무한히 가속 팽창하여 먼 미래에는 은하들이 서로 멀어져 은하단이 해체될 가능성도 존재합니다. 은하단이 해체된 다음에 은하가 해체되면 결국에는 별도 해체될 가능성은 있지만, 별들의 수명이 다해 타버리는 것이 먼저일 확률이 더 큽니다.

"우리는 별들로부터
만들어졌다"

· 백색왜성과 초신성 폭발 ·

사진은 시리우스 A(왼쪽)와 작고 푸른 동반성 시리우스 B(오른쪽)의 모습이다.
시리우스 B는 백색왜성이다.

별(항성)은 핵융합 반응으로 빛을 내고 있지만, 언젠가는 연료가 다 떨어집니다. 먼저 수소가 다 떨어지고 헬륨만 남습니다. 그러면 이번에는 헬륨이 핵융합을 일으킵니다. 이런 식으로 탄소, 산소 같은 무거운 원소를 만들어 내고, 마지막에 철을 만들어 냅니다.

철은 핵융합을 일으키더라도 에너지를 만들어 내지 못합니다. 철보다 무서운 원소는 핵융합이 일어나지 않으므로, 최종적으로 철이 남게 됩니다. 다만, 연료가 바닥나 핵융합을 할 수 없게 되더라도 온도가 높기 때문에 타다 남은 잔불처럼 한동안은 빛을 냅니다. 온도가 더 낮아지면 새까만 덩어리로 변합니다.

이처럼 질량이 무거운 별은 철까지 만들어지는 반면, 상대적으

대마젤란은하에서 수천 년 전에 폭발한 초신성 잔해(N49)

아는 만큼 보이는 세상 | 우주 편

로 가벼운 별은 핵융합을 멈춥니다. 연료를 다 소진해 에너지를 방출하지는 않지만 희미하게 빛나는, 마지막 단계에 이른 천체입니다. 이를 '백색왜성'이라고 합니다. 태양도 비교적 가벼운 별이기 때문에 미래에는 백색왜성이 될 것입니다.

태양보다 질량이 훨씬 무거운 별은 자기 중력을 견디지 못해 붕괴하고, 그로 인해 결국 폭발합니다. 이것이 '초신성 폭발'입니다. 폭발이 일어나면서 철과 탄소 등의 원소가 방출됩니다. 또한 초신성 폭발 순간에는 에너지가 엄청나기 때문에 철보다 무거운 금이나 은, 백금 같은 원소가 만들어집니다. 이러한 초신성 폭발로 인해 우주 공간은 다양한 원소들로 가득 차게 되었습니다.

지구가 존재할 수 있는 것도 초신성 폭발 덕분이라고 할 수 있습니다. 태양보다 훨씬 무거운 별이 일생의 마지막 단계에 폭발을 일으켜 탄소 등의 원소들을 우주에 흩뿌린 덕분에 그것이 다시 모여 지구를 형성하게 된 것입니다.

우리 몸을 구성하는 탄소도 한때 어느 별 속에 있었을 것입니다. 그렇지 않다면 우주 공간에 탄소가 없었을 테니까요. '우리는 별들로 이루어져 있다'라는 말이 있는데, 사실 그렇습니다. 우리 몸속의 탄소가 '수백억 년 전에는 어떤 별 속에 있었다'라는 사실을 기억하고 있다고 상상해 보는 것도 재미있지 않을까요?

왜 우주가 거품처럼
생겼다고 주장할까?

· 우주의 거대구조 ·

우주에 분포한 은하들이 수없이 겹친 거대한 거품 모양의 구조를
우주의 거대구조라 한다.

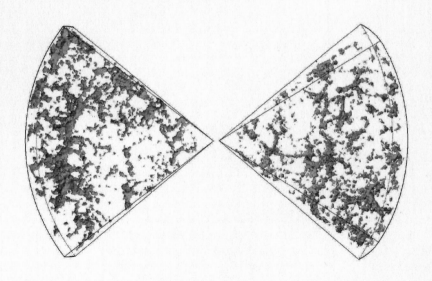

몇 억 광년의 규모로 우주를 바라보면 은하가 한곳에 모여 있는 곳과 그렇지 않은 곳을 확인할 수 있습니다. 이처럼 은하의 공간적 분포를 통해 알 수 있는 엄청나게 큰 구조를 '우주 거대 구조'라고 합니다.

108쪽 그림은 지구에서 관측되는 우주의 분포입니다. 중심이 우리은하이고, 바깥쪽으로 갈수록 먼 우주입니다. 가끔 어둡거나 주요 천체가 없는 지역이 있는데, 그 공간에 빛을 내지 않는 암흑 물질이 채우고 있거나 천체가 없기 때문입니다. 이렇게 은하가 없는 지역은 보이드(void)라고 부릅니다.

우주에는 정말
끝이 없을까?

· 우주의 지평선과 관측 범위 ·

사진은 화로자리 근처 허블의 울트라 딥필드 영역을 이미지화한 것이다.
허블의 울트라 딥필드 영역에서는 약 3천 개의 은하가 포착된다.

지금까지 우주 마이크로파 배경 복사의 온도 요동과 그 요동으로 인해 생겨난 우주의 구조를 이야기했습니다.

한편, 그 요동이 10만분의 1K 정도에 불과하다는 것은 큰 규모로 보면 우주는 어디에서나 비슷한 모습을 하고 있다는 의미이기도 합니다. 관측 범위는 우주의 지평선보다 안쪽으로 한정되어 있지만, 그 너머에도 우리 우주와 비슷한 구조의 우주가 이어져 있을 것으로 예상할 수 있습니다. 그러나 이것은 어디까지나 예상이나 추측일 뿐 확실하지 않습니다.

어마어마하게 넓은 운동장 같은 곳에 반경 1m밖에 볼 수 없는 아이가 있었다고 가정해 봅시다. 지금의 인류가 바로 그 아이입니다. 1m 반경의 어디를 보든 운동장이기 때문에 눈에 보이지 않는 곳에도 운동장이 이어져 있을 것이라 추측할 뿐입니다.

어쩌면 1m 바로 앞에서 운동장이 끝나고, 큰 학교 건물이 서 있을지도 모릅니다. 아니면 운동장이기는 해도 놀이기구가 놓여 있을 수도 있습니다. 즉, 우리의 추측과 달리 우주의 구조가 지평선 밖에서 변화했을 가능성도 있는 것입니다.

운동장은 반경 2m로 유한할 수도 있고, 무한히 이어져 있을 수도 있습니다. 관측할 수 있는 한계인 지평선이 있는 한, 우주가 유한인지 무한인지 확실히 말할 수 없다는 뜻입니다. 어쩌면 눈에 보이는 세계를 일반화하는 것은 인간의 본성일지도 모릅니다.

3

CHAPTER

슈뢰딩거의 고양이는 살아 있는 걸까?

- 우주와 양자역학 -

우주를 파악하는
새로운 학문의 등장

· 양자역학 ·

그림은 원자 구조와 양자역학을 3D로 나타냈다.

우주란 무엇인가를 탐구할 때 빼놓을 수 없는 것이 양자역학입니다. 우주는 어떻게 만들어졌을까? 물질은 어떻게 탄생했을까? 그 시작은 미시 세계로, 원자와 소립자의 움직임을 이해해야 하는 것입니다. 소립자란 쿼크, 전자 등 물질을 구성하는 최소 단위를 말합니다. 이번 시간에는 양자역학을 간단히 짚은 다음 우주 생성에 관한 이야기를 하려 합니다.

양자역학은 원자나 전자처럼 아주 작은 미시 세계에서 일어나는 현상을 설명하는 학문입니다. 이에 반해 양자역학이 등장하기 이전의 역학을 고전역학이라고 합니다. 아이작 뉴턴(Isaac Newton)이 만유인력의 법칙을 발견하여 근대 물리학의 규범을 만들었습니다. 이후 제임스 클러크 맥스웰(James Clerk Maxwell)이 전자기현상을 다루는 법칙을 정리했습니다. 당시 알려진 힘은 중력과 전자기력뿐이었는데, 이 두 힘만으로 세상의 모든 현상을 설명할 수 있을 것 같았습니다. 물리학은 완성된 것으로 여겨졌습니다.

하지만 1900년 전후, 고전역학으로는 설명할 수 없는 이상한 현상들이 확인되기 시작했습니다. 기술이 발전하면서 미시 세계에 관한 실험이 가능해졌기 때문입니다. 작은 물체에도 큰 물체의 역학이 똑같이 적용될 것이라고 생각했지만, 그렇지 않았습니다. 도대체 무슨 일이 벌어지고 있는지 모두가 머리를 싸매고 고민했습니다.

그러던 중 새로운 유형의 역학, 즉 양자역학이 등장했습니다.

영어로는 '퀀텀 메카닉스(quantum mechanics)'라 하는데 퀀텀이란 양자, 입자를 의미합니다. 1925년, 이를 완성된 학문으로 처음 제시한 사람이 독일의 이론 물리학자 베르너 하이젠베르크(Werner Heisenberg)입니다.

$$v(n,n - a) + v(n - a,n - a - \beta) = v(n,n - a - \beta)$$

1925년 하이젠베르크의 행렬정리

양자역학은 지난 100년 정도의 역사를 가진 학문입니다. 양자론과 양자역학은 약간 의미가 다른데, 보통 '학(學)'에는 완성되었다는 이미지가 있습니다. 물리학, 고전역학 등이 그렇지요. '론(論)'이 붙으면 아직 학문으로 완성되기 전이므로 여러 가지 아이디어를 서로 주고받으며 이론을 심화시켜 나가는 단계에 있다고 볼 수 있습니다.

이 때문에 양자론이라는 것은 미지의 세계와 알려진 세계의 경계를 넘나드는 역동적인 이미지를 가지고 있어요. 예전에는 양자역학 자체가 양자론이었지만, 요즘은 시대를 앞서가는 연구를 할 때는 양자역학이라는 완성된 체계에서 나아가 좀 더 열려 있는 양자론이라는 표현을 씁니다.

빛은 입자일까, 파동일까?

· 빛의 정체 ·

빛에는 입자여도, 파동이어도 설명할 수 없는 현상들이 있다.
미시 세계에는 빛처럼 둘 모두의 성질을 가진 물질이 있다.

양자역학의 중요한 주제 중 하나는 '입자와 파동의 이중성'입니다. 빛은 입자인가, 파동인가? 이를 둘러싼 논쟁은 아주 오래전부터 있었습니다.

입자는 말 그대로 작은 알갱이이므로, 쉽게 말해 아주 작은 공이라고 생각하면 됩니다. 공을 던지면 공 자체가 날아갑니다. 반대로 파동은 한 곳에서 생긴 진동이 주위로 퍼져 나가는 현상입니다. 예를 들어 잔잔한 물에 돌을 던지면 돌이 던져진 곳을 중심으로 물결이 둥그렇게 퍼져나갑니다. 이때 물은 제자리에서 위아래로 진동하며 그 옆의 물을 흔들 뿐 이동하지는 않습니다. 공처럼 물체 자체가 움직이는 것은 아닙니다.

고대 그리스에서는 많은 과학자가 '빛은 입자'라고 가정한 반면, 아리스토텔레스는 '빛은 파동'이라고 말했습니다. 뉴턴은 '빛은 입자'라고 주장하며, 같은 시기에 '빛은 파동'이라고 주장한 네덜란드의 과학자 크리스티안 하위헌스(Christiaan Huygens)와 대립각을 세웠습니다.

만약 빛이 파동의 성질을 갖고 있다면 설명하기 어려운 현상이 있습니다. 바로 '광전효과'라고 불리는, 금속에 빛을 비추면 전자가 튀어나오는 현상입니다. 이는 금속의 원자에 묶여 있는 전자가 빛의 에너지를 받아 밖으로 튀어나오는 것입니다.

전자가 어떻게 튀어나오는지 알기 위해 빛의 세기나 파장을 바꾸며 실험했더니, 일정한 진동수(에너지)가 확보되어야만 전자가 방출될 수 있다는 결과가 나왔습니다. 만약 빛이 파동이라면 진동수에 상관없이 오랜 시간 빛을 비추기만 하면 에너지가 커지고 전자가 방출할 만한 힘을 갖게 되어 광전효과가 발생해야 합니다. 하지만 그런 일은 일어나지 않았고, 오히려 빛이 입자처럼 행동하는 듯 보이는 현상들이 나타났습니다. 빛과 전자가 마치 하나의 당구공이 다른 당구공에 부딪쳐 튕겨내는 것처럼 움직였던 것입니다.

그렇다면 빛은 입자이겠지요? 그런데 빛이 입자라면 설명할 수 없는 현상도 있습니다. 한 예로 '파동의 간섭'이라는 현상이 있습니다. 파동에는 마루와 골이 있는데, 마루와 마루가 만나면 마루의 높이가 커집니다. 그리고 파동의 마루와 골이 만나면 서로 상쇄되어 마루의 높이가 0이 됩니다.

이 현상은 말로 설명하는 것보다 그림을 보면 더 이해하기 쉽습니다.

빛의 간섭무늬

빛이 입자라면 직진하기 때문에 간섭무늬가 생기지 않고 두 줄의 직선 무늬만 생길 것이다.

빛이 입자라면

왼쪽과 같이 빛을 두 개의 슬릿(실틈)을 통과시켜 뒤에 놓인 스크린에 투사합니다. 그러면 스크린에 '간섭무늬'라고 하는 밝고 어두운 줄무늬가 규칙적으로 나타납니다. 이는 두 방향에서 들어온 빛이 파동처럼 나아가기 때문에 파동의 마루와 마루, 골과 골이 겹쳐지는 부분에서는 빛의 세기가 증가하고, 마루와 골이 겹치는 부분에서는 파동이 사라져 버려 밝은 부분과 어두운 부분이 번갈아 나타나게 된 것입니다.

이 실험을 통해 빛이 파동이라는 근거가 마련되었는데, 만약 빛이 입자라면 오른쪽과 같은 무늬가 생길 것입니다. 이외에도 빛의 성질을 알기 위해 많은 실험과 증명을 거쳐, 결국 '빛은 입자이면서 동시에 파동이다'라는 이해하기 매우 어려운 결론을 내리게 되었습니다.

빛은 어디까지나 하나의 예일 뿐입니다. 빛뿐만이 아니라 미시 세계에서는 입자가 파동의 성질도 가지고 있습니다.

에너지와 진동을 연결하는
마법의 숫자

· 플랑크 상수 ·

사진은 '뉴턴의 진자(Newton's Pendulum)' 모형이다.

고전역학은 우리의 경험이나 직관과 현상이 잘 맞아떨어지기 때문에 이해하기 쉽습니다. 반면에 양자역학은 머릿속에 그림을 그릴 수 없습니다. 이를테면 '빛은 파동이자 입자이다'와 같은 것은 일상 감각의 범위를 완전히 넘어서기 때문에 수학적 계산으로 현상을 설명할 수밖에 없습니다.

과학자들은 좀 더 머릿속에 그림이 잘 그려지도록 설명하기 위해 부단히 노력하며 다양한 이론을 만들었습니다. 하지만 번번이 실패했습니다. 양자역학의 탄생에 결정적 기여를 한 아인슈타인조차 모호하고 직관적이지 않은 양자역학을 끝내 받아들이지 않았습니다.

그럼 고전역학은 틀린 걸까요? 그렇지는 않습니다. 고전역학은 오늘날에도 여전히 유용한 역학입니다. 물론 과학자들은 양자역학이 미시 세계뿐만 아니라 세상의 모든 것에 적용 가능하다고 생각합니다. 하지만 양자역학으로 큰 물체의 운동을 설명하는 것은 너무 복잡하고 비현실적입니다. 예를 들어, 초고속 열차의 움직임을 양자역학으로 설명하는 것은 난센스입니다. 고전역학으로 생각하는 것이 훨씬 낫습니다.

입자의 수가 많아질수록, 즉 물체가 더 커질수록 파동의 성질은 점차 사라지고 양자역학으로 설명할 수 있는 현상은 거의 보이지 않게 됩니다. 어디까지가 양자역학이고, 어디부터가 고전역학인지 명확하게 구분되는 것은 아닙니다.

다만, 그 경계에는 어떤 한 숫자가 있습니다. 바로 '플랑크 상수'입니다. 플랑크 상수는 빛의 입자가 가진 에너지와 진동수를 연결해 주는 비례상수입니다. 빛의 입자를 '광자'라고 부르는데, 광자의 에너지는 진동수에 비례합니다. 무슨 말인지 잘 모를 수 있겠지만, 일단 그런 상수가 있다는 것만 알아두세요.

플랑크 상수는 양자역학을 특징짓는 기본 상수로, 양자역학 계산에 자주 사용됩니다.

$$h = 6.62607015 \times 10^{-34} \, J \cdot s$$

플랑크 상수

$$\lambda = \frac{h}{p} = \frac{h}{mv}$$

드 브로이의 물질파 공식

이 플랑크 상수를 입자의 질량과 속도의 곱으로 나눈 값을 드 브로이 파라고 합니다. 질량이 0이 아닌 입자보다 작은 세계의 움직임은 양자역학으로 설명해야 한다는 것을 의미합니다. 가령 야구공처럼 큰 물체를 던진 경우, 드 브로이 파는 숫자로 따지자면 10^{-34}m(플랑크 상수의 값이 10^{-34} 정도) 정도로 어마어마하게 작은 값이기 때문에 도저히 측정이 불가능합니다.

전자는
어디에 있을까?

· 원자와 파동함수 ·

왼쪽은 흔히 제시되는 단순화된 원자 모형으로, 실제와는 다르다.
오른쪽의 전자구름 모형처럼 전자의 위치는 불확실하다.

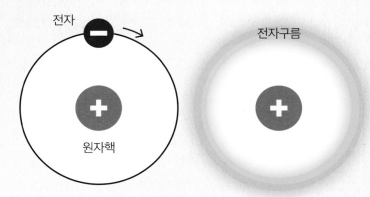

어쨌든 미시 세계에서는 고전역학은 전혀 쓸모가 없습니다. 근본적으로 사고방식이 다르기 때문이지요. 한 예로 '전자가 여기 있다'와 같은 것도 틀린 설명입니다.

125쪽의 왼쪽 그림은 보통 교과서 등에 자주 나오는 원자 모형입니다. 하지만 이는 이해하기 쉽게 그린 것일 뿐, 솔직하게 말하자면 틀린 것입니다. 전자는 파동의 성질을 가지고 있기 때문에 오른쪽 그림과 같이 뿌옇게 퍼져 있습니다. 전자구름이란 전자가 특정 위치에 존재할 확률을 구름이 퍼져 있는 형태로 표현한 것입니다. 입자와 달리 파동은 위치를 잘 알 수 없습니다.

다만, 개수는 셀 수 있어요. 그런데 위치는 알 수 없습니다. 바로 이 문제를 두고 물리학자들뿐만 아니라 모두가 "어떻게 이런 터무니없는 일이 있을 수 있느냐"라며 격렬하게 논쟁을 벌였습니다. 하지만 실제 사실이 그렇기 때문에, 결국 양자역학을 받아들일 수밖에 없었습니다.

여기서 위치를 모른다는 건, 사실 위치가 없다는 표현이 더 맞습니다. 위치가 정해져 있는데 그 위치를 알아낼 수 없다는 것이 아니라, 처음부터 정확한 위치가 결정되어 있지 않다는 말입니다. 조금 이상한 비유일지 몰라도 '신은 모든 것을 미리 알고 있다'와 같은 말도 이 경우에는 맞지 않습니다. 신조차 전자의 위치를 결정할 수 없습니다. 아무도 결정할 수 없다는 뜻이지요.

물론 관측을 하면 한 곳으로 위치가 정해집니다. 하지만 관측하기 전부터 전자가 그곳에 있었다고는 말할 수 없습니다. 1밀리초 뒤에는 어디로 갈지도 알 수 없습니다. 즉, 위치가 정해지면 속도를 명확하게 알 수 없게 되는 성질을 가지고 있습니다. 반대로 속도를 측정하면 이번에는 위치를 명확히 알 수 없게 됩니다. 전자의 위치와 속도를 동시에 정확하게 알아내는 것이 불가능하다는 뜻입니다.

전자가 어떤 위치에 있을 가능성이 높은지, 어떤 속도로 움직일 가능성이 높은지 그 확률은 '파동함수'로 표현됩니다. 파동함수는 오스트리아의 물리학자 에르빈 슈뢰딩거(Erwin Schrödinger)가 발표한 방정식을 이용해 구할 수 있습니다.

슈뢰딩거는 입자가 가진 파동의 성질을 수학으로 설명하는 방정식을 찾아내어 양자역학을 발전시켰습니다. 하지만 이 방정식

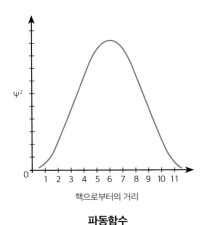

파동함수

이 처음 발견되었을 당시에는 파동함수가 물리적으로 무엇을 뜻하는지 알 수 없었습니다. 이를 "확률을 나타내는 것이다"라고 해석한 사람은 막스 보른(Max Born)이라는 이론 물리학자였습니다. 언제, 어디서 입자를 발견할 가능성이 높은지를 알려주는 함수라는 것입니다.

하지만 반대로 말하면 확률만 알 수 있다는 것인데, 이 점이 당시에는 기묘하게 여겨졌습니다. 고전역학에서는 이론을 바탕으로 물체의 운동을 확실하게 예측할 수 있습니다. 반면 양자역학에서는 확률적으로만 예측할 수 있습니다.

우리가 아는 것은 파동함수라는 확률의 파동뿐입니다. 게다가 위치나 속도를 명확하게 나타내는 것이 아니라 어느 위치에 있을 가능성이 있는지, 어느 정도의 속도로 움직일 가능성이 있는지 하는 막연한 정보에 불과합니다.

다만 인간이 관측하는 순간 여러 가지 가능성이 하나의 결과로 확정됩니다. 예를 들어, 전자의 위치에 대한 확률은 구름처럼 퍼져 있지만, 측정하는 순간 발견된 위치의 확률이 1이 되고 다른 위치에 있을 확률은 0이 됩니다.

상자 안의 고양이가
살아 있으면서 죽어 있다니?

· 슈뢰딩거의 고양이 ·

양자역학적으로 해석하면,
고양이는 살아 있는 상태와 죽은 상태가 동시에 존재한다.

슈뢰딩거의 이름은 '슈뢰딩거의 고양이'라는 유명한 사고실험으로 잘 알려져 있습니다. 조금 이해하기 어려운 이야기지만, 가능한 한 쉽게 설명해 보겠습니다.

양자역학의 세계에서는 모든 것이 확률적이며, 인간이 관측한 순간 하나의 결과로 확정된다는 것을 앞에서 이야기했습니다. 이를 세계 전체로 확장하면, 실제로 모든 것이 여러 결과가 중첩된 상태로 존재하며, 인간이 '관측'을 통해 하나의 확정된 세계만 골라내는 것이라고 생각할 수 있습니다. 인간의 의식이 측정값을 판단하기 전까지는 여러 결과가 공존하고 중첩된 상태인 것입니다.

슈뢰딩거는 그들의 주장을 반박하기 위해 기묘한 상황을 생각해 냈습니다. 여기서 '슈뢰딩거의 고양이'가 등장합니다. 라듐 같은 방사성 원소는 가만히 내버려 두면 방사선을 방출하며 붕괴해 다른 원소로 바뀌는 성질이 있습니다. 이 현상은 양자역학의 법칙을 따르기 때문에 언제 붕괴할지 정확한 시간은 예측할 수 없습니다.

이제 이것을 이용해 어떤 장치를 만듭니다. 방사성 원소가 방출하는 방사선을 감지하면 독가스가 나오도록 설정한 상자입니다. 이 상자에 고양이를 넣습니다. 상자를 열어보기 전까지는 고양이가 살았는지 죽었는지 알 수 없습니다. 이 장치를 설치한 다음 일정 시간이 지났을 때 방사성 원소가 붕괴될 확률, 즉 독가스가 나올 확률이 50%라고 가정해 봅시다.

인간이 보는 순간 하나의 결과로 결정되고, 보지 않으면 여러 결과가 중첩된 상태라면 상자를 열어보기 전까지는 고양이의 생사도 아직 정해지지 않은 상태라는 말이 됩니다. 고양이는 살아 있는 상태와 죽은 상태가 중첩되어 있다가 상자를 여는 순간 하나의 상태로 결정되는 것입니다.

사실 슈뢰딩거는 이를 통해 "그런 우스꽝스러운 일이 있을 수 있는가?"라는 말을 하고 싶었던 것입니다. 우리의 상식에 비추어 생각해 보면 그런 일은 있을 수 없습니다. 상자를 열어보지 않더라도 고양이는 죽었거나 살아 있거나 둘 중 하나이지요. 고양이가 살아 있으면서 동시에 죽어 있다니요! 하지만 양자역학의 해

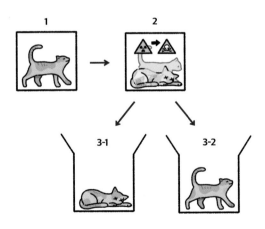

슈뢰딩거의 고양이

상자에 든 고양이(1)는 상자를 열기 전에는 살아 있는 고양이와 죽은 고양이가 중첩된 채로 존재하지만(2), 뚜껑을 열면 중첩이 붕괴되며 고양이는 죽었거나(3-1) 또는 살아 있거나(3-2) 둘 중 하나의 상태로 결정된다.

석에 따르면 가능합니다. 어느 쪽일까요?

전자라면 상관없습니다. 눈에 보이지 않는 미시 세계에서 일어나는 일이라면 직관과 어긋나도 상관없습니다. 하지만 고양이라면 직관과 맞지 않는 것이 아무래도 신경이 쓰입니다. 그런데 2023년에 눈으로 볼 수 있는 크기 수준의 고체 상태에서 이 중첩 상태를 구현했다는 소식이 전해졌습니다. 스위스 취리히 연방공과대학 연구팀에서 1경 개의 원자가 모여 이뤄진 덩어리를 양자적인 중첩 상태로 만드는 데 성공했다는 것입니다. 그렇다면 고양이와 같은 크기에서도 양자역학적 중첩이 실제로 일어날 수 있지 않을까요?

그렇다면 중첩 상태는 어떻게 확인할까요? 파동의 간섭 효과를 찾는 것과 같습니다. 원자 덩어리이니 입자이면서 동시에 파동인지 확인하는 것이지요. 과거에는 원자를 10개, 100개 하는 식으로 늘려 나가면 중첩 상태를 구현할 수 없다고 생각했습니다. 하지만 최근에 그렇지 않다는 사실이 밝혀진 것입니다.

물론 현재 기술로는 고양이가 파동의 성질을 가지고 있는지 없는지 확인할 수 없습니다. 원칙적으로는 고양이가 파동의 성질을 가지고 있다고 해도 놀랄 일은 아닙니다. 입자의 개수를 늘리면 어느 순간 돌연 양자역학이 더는 적용되지 않는 것도 이상합니다. 입자가 모이면 모일수록 파동의 성질이 잘 보이지 않게 되는 것뿐일 수도 있습니다.

왠지 초자연적인 이야기 같지만, 과학 이야기입니다. 다만 양자역학은 우리의 상식을 뛰어넘는 것이기 때문에 그렇게 느끼는 사람도 많을 것 같습니다. 생과 사가 중첩된 상태라니 확실히 영적인 느낌이 드는군요. 실제로 초자연적인 세계를 양자역학을 동원해 설명하는 사람들도 있습니다. '양자역학의 원리를 통해 소원을 이룬다'라든지요. 물론 과학적으로는 근거가 없습니다.

아인슈타인이 으스스한
원격 작용이라고 말한 '이것'은?

· 양자 얽힘 ·

그림은 양자 얽힘을 나타낸 3D 모형이다.

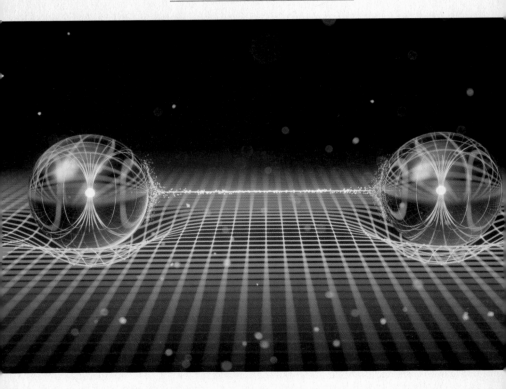

더 신기한 이야기를 해 볼까요? 우선 힘은 일반적으로 접촉하지 않으면 전달되지 않습니다. 만유인력은 휘어진 시공간을 따라 전달되는 것이지만, 겉보기에는 '멀리 떨어져 있어도 전달되는 힘'처럼 느껴집니다. 하지만 시공간을 보면 서로 접촉하고 있다는 것을 알 수 있습니다. 그리고 힘과 정보가 전달되는 속도는 아무리 노력해도 빛의 속도를 넘어설 수 없습니다.

만약 어떤 정보가 순식간에 멀리 떨어진 곳에 전달된다면 어떨까요? 텔레파시, 염동력, 또는 다른 형태의 초능력처럼 느껴지지 않을까요? 이것이 양자역학이 영적인 분야에서 악용되는 이유 중 하나입니다. 그러면 양자역학에는 멀리 떨어진 것들끼리 서로 영향을 미칠 수 있는 현상이 있을까요?

먼저 입자를 둘로 쪼갠다고 가정해 봅시다. 입자는 스핀이라는 물리량을 갖고 있으며, 스핀은 위쪽 방향과 아래쪽 방향 두 가지 상태로 나뉩니다. 따라서 둘로 쪼갠 입자의 한쪽은 스핀이 위로 향하는 상태가 되면 다른 한쪽은 반드시 아래로 향하는 상태가 됩니다. 이제 쪼갠 입자들을 서로 멀리 떨어뜨려 놓습니다.

한쪽 입자의 스핀이 위로 향하는 상태인지 아래로 향하는 상태인지는 관측하기 전까지는 알 수 없습니다. 관측 전의 중첩 상태인 것이지요. 그런데 관측하는 순간 두 상태 중 하나로 결정됩니다. 동시에 멀리 떨어져 있는 다른 한쪽의 입자는 반대의 상태로 결정됩니다. 이런 현상은 다른 물리 법칙으로는 설명할 수 없습니다.

이 신기한 현상은 사실 양자역학의 불안전성을 드러내기 위해 아인슈타인이 제기한 사고실험입니다. 한쪽 입자를 관측하는 순간 다른 한쪽의 입자의 상태가 결정된다면 어떤 식으로든 정보나 영향을 전달하는 과정이 필요한데, 그 어떤 정보도 빛보다 빠르게 전달될 수 없다는 전제에 위배됩니다. 하지만 양자역학에 따르면 이처럼 이상한 일이 벌어질 수 있습니다. 따라서 양자역학은 틀렸다고 주장한 것입니다. 아인슈타인은 이 현상을 두고 양자론의 '으스스한 원격 작용'이라고까지 부르며 비판했습니다.

과거에는 이런 현상을 실험적으로 확인하기 어려웠지만, 최근 여러 실험을 통해 실제로 일어난다는 것이 증명되었습니다. 실제로는 아인슈타인이 틀렸고, 양자역학이 옳았음이 밝혀졌습니다.

고전역학의 관점에서 보면 한쪽의 스핀이 위로 향하면 다른 한쪽은 아래로 향한다고 처음부터 설정되어 있었기에 그렇게 신기하지 않을 수도 있습니다. 좀 더 쉬운 비유를 들어 볼게요. 빨간색 공과 검은색 공이 있다고 합시다. A, B로 구별되는 상자 두 개에 공을 하나씩 넣습니다. 그리고 두 상자를 멀리 떨어뜨려 놓습니다. A 상자에 빨간색과 검은색 중 어떤 공이 들어있는지는 알 수 없습니다. A 상자를 열고 안을 봤을 때 공의 색깔이 '검은색'이라면 멀리 떨어져 있는 B 상자에 들어있는 공의 색깔은 당연히 '빨간색'입니다. 이것은 순간적으로 정보를 전달하는 것이 아니라 원래부터 그랬을 뿐입니다.

　이와 마찬가지라면 의문의 여지가 없습니다. 양자역학의 경우 입자가 중첩된 상태이기 때문에 신기한 것이지요. 입자의 스핀이 위로 향할지 아래로 향할지를 모르는 것이 아니라 정해져 있지 않습니다. 한쪽이 중첩된 상태라면 다른 한쪽도 중첩된 상태입니다. 그런데 한쪽을 관측하는 순간 다른 한쪽은 관측하지 않아도 입자의 스핀 방향이 결정됩니다. 마치 빛보다 빠르게 정보가 전달된 것처럼 보입니다. 이를 '양자 얽힘'이라고 합니다.

　하지만 겉보기에 그렇게 보일 뿐 양자 얽힘 상태에서는 실제로

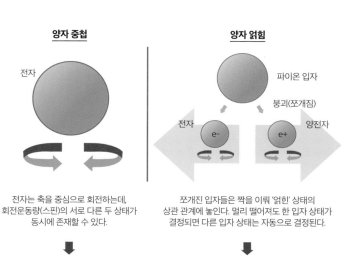

양자 중첩

전자

전자는 축을 중심으로 회전하는데, 회전운동량(스핀)의 서로 다른 두 상태가 동시에 존재할 수 있다.

양자컴퓨터(큐비트)
양자 중첩 현상을 이용해 양자 연산 컴퓨터를 만들 수 있다.

양자 얽힘

파이온 입자

붕괴(쪼개짐)

전자　　e-　　e+　　양전자

쪼개진 입자들은 짝을 이뤄 '얽힌' 상태의 상관 관계에 놓인다. 멀리 떨어져도 한 입자 상태가 결정되면 다른 입자 상태는 자동으로 결정된다.

양자통신(양자암호)
양자 얽힘과 중첩 현상을 이용해 누구도 엿보거나 깰 수 없는 양자암호를 만들 수 있다.

양자컴퓨터와 양자통신에 쓰이는 양자 현상

의미 있는 정보가 빛보다 빠르게 전달될 수 없는 것으로 알려져 있습니다.

2022년 노벨 물리학상은 양자 얽힘을 연구한 프랑스의 알랭 아스페(Alain Aspect), 미국의 존 클라우저(John Francis Clauser), 오스트리아의 안톤 차일링거(Anton Zeilinger)에게 돌아갔습니다. 양자 얽힘 현상을 실험으로 검증하고, 동시에 이 효과를 이용해 정보를 전달하는 '양자 순간이동'을 실험적으로 증명해 양자정보과학 분야를 개척한 공로를 인정받았습니다.

그런데 이 양자 얽힘을 실험적으로 검증할 수 있는 방법을 처음으로 제안한 인물은 북아일랜드 출신 물리학자 존 스튜어트 벨(John Stewart Bell)입니다. 그는 1990년 향년 90세로 세상을 떠났지만, 살아 있었다면 노벨 물리학상을 받았을 것입니다.

실험 물리학자였던 벨은 흥미 삼아 양자론을 연구했습니다. 1960~70년대 무렵 양자론의 기초 연구는 과학자들의 관심에서 멀어져 있었습니다. 입자가 아주 이상한 움직임을 보이는 것은 분명했지만, 그 의미에 관해서는 깊이 생각하지 않으려 했습니다. 과거 수많은 연구자가 노력했지만, 유용한 결과를 얻지 못했다는 사실을 알고 있었기 때문입니다.

얼마 전까지도 그런 분위기가 있었습니다. 양자론의 기초를 탐구하고 싶어 하는 학생들도 유의미한 결과를 내지 못할 테니 그만두라는 말을 듣기 일쑤였습니다. 그럴 시간에 실제적인 문제를 해결하는 연구에 집중하라는 조언이었지요. 지금은 양자정보 이론의 발전이 상상도 하지 못했던 양자역학의 잠재력을 끌어내어 그런 조언도 함부로 하지 않게 된 것 같습니다.

벨은 양자론의 기초를 연구한다고 공개적으로 밝히면 바보 취급을 당할 수 있다는 생각에 낮에는 성실하게 소립자 실험을 하고, 밤에 집으로 가면 취미로 연구를 하고 논문을 썼습니다. 그리고 양자 얽힘을 실험으로 검증할 수 있는 방법을 제시하여 모두를 깜짝 놀라게 했습니다.

안타깝게도 벨은 세상을 떠났지만, 그가 남긴 업적을 이어받아 멋지게 실험에 성공했으니 기쁜 일입니다. 과학은 항상 그렇게 앞으로 나아가고 있습니다.

세계에서 가장 빠른
컴퓨터의 탄생

· 양자 컴퓨터 ·

사진은 핀란드에 있는 양자 컴퓨터이다.
양자 컴퓨터는 0이기도 하면서 1이기도 한 중첩 상태로 계산하므로 매우 빠르다.

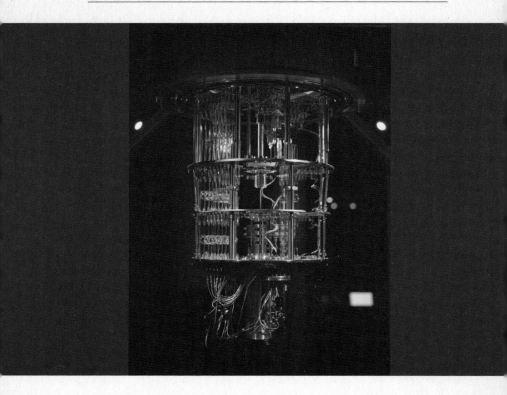

현재 전 세계적으로 연구 개발이 진행되고 있는 것이 '양자 컴퓨터'입니다. 여러분도 뉴스 등에서 한 번쯤은 들어봤을 겁니다.

지금 우리가 사용하고 있는 고전 컴퓨터는 0 또는 1로만 표현되는 2진수로 변환하는 연산을 반복해 고속으로 계산합니다. 반면 양자 컴퓨터는 0 또는 1이 아닌 '0이기도 하면서 1이기도 한' 중첩된 상태에서 계산을 합니다. 중첩이나 양자 얽힘과 같은 양자역학의 현상을 이용하여 고전 컴퓨터로는 어마어마한 시간이 걸리는 계산을 순식간에 끝낼 수 있습니다. 이처럼 양자 컴퓨터가 고전 컴퓨터를 월등히 뛰어넘는 계산 능력을 갖춘다면 기존에 풀지 못했던 어려운 문제를 해결할 수 있을 것으로 기대됩니다.

물론 아주 작은 것을 다루는 일이기에 쉽지 않습니다. 지금까지의 기술로는 거의 불가능했습니다. 하지만 빠르게 기술이 발전하면서 중첩이나 얽힘과 같은 양자역학적 현상이 구현될 가능성이 높아졌습니다. 아직 실용화 단계까지 도달하지 못했지만, 머지않은 미래에 양자 컴퓨터가 우리의 삶을 크게 바꿀지도 모릅니다.

우주는 '무'에서 탄생했다는 믿음

· 빌렌킨 가설 ·

빌렌킨 가설은 상대성 이론과 양자역학을 합친 가설이다.
우주가 '무'에서 생길 수도 있다는 가능성을 제시한 가설이다.

2장의 주제는 한마디로 '우주란 무엇인가'였습니다. 양자역학에 관해 조금 알게 되었으니, 이제 우주 이야기로 넘어가겠습니다.

앞에서 현재의 우주는 엄청나게 크지만, 과거에는 매우 작았다고 말했습니다. 초기 우주에서는 작은 공간에 물질이 빽빽하게 들어차 있었고, 이 물질을 이루는 입자들은 서로 빈번하게 상호작용을 했습니다. 물론 이것은 양자역학으로 설명할 수 있습니다. 더 거슬러 올라가면 우주 전체가 미시 세계가 됩니다. 이 경우에는 우주 전체를 양자역학으로 설명할 수 있을 것입니다.

더 극한까지 거슬러 올라가 우주가 어떻게 탄생했는지 생각해봅시다. 시간도 공간도 없는 '무(無)'에서 돌연히 우주가 태어난다는 것은 고전역학에서는 있을 수 없는 일입니다. 하지만 양자역학은 위치와 속도가 정해져 있지 않는 특성이 있어 딱 부러지게 이야기할 수 없습니다. 확률적인 요동으로 시공간이 만들어지는 구조를 가지고 있는 것입니다. 우주가 양자적 효과에 의해 생성되었다는 이론이 있지만, 이는 실험이 불가능하기 때문에 이론적인 예측일 뿐입니다.

한편 1982년 물리학자 알렉산더 빌렌킨(Alexander Vilenkin)은 무의 상태에서 우주가 탄생했다는 이론을 발표합니다. 이는 '빌렌킨 가설'이라고 불리며 유명해졌습니다. 그런데 도대체 무란 무엇일까요? 물질이 없는 것은 당연하고, 시간도 공간도 없는 상태입니다. 그러면 우주가 시작되기 전에는 무엇이 있었을까요?

이 질문이 의미가 있으려면 우주가 시작되기 전에도 우리가 보통 생각하는 의미의 시간이 흐르고 있어야만 합니다. 하지만 '무'에는 시간 자체가 없으므로, 당연히 무에서는 시간이 흐르지 않습니다. 따라서 우주가 시작되기 전에는 무엇이 있었을까 하는 질문은 의미가 없습니다. '시작'이나 '~의 이전' 같은 것은 시간이 존재해야 비로소 성립하는 개념입니다.

시간도 없고 공간도 없고 아무것도 없지만, 우주가 탄생할 가능성을 품고 있는 존재, 그것이 무입니다. 시공간의 틀 안에서만 생각할 수 있는 우리는 무를 결코 상상할 수 없습니다. 만약 "무가 무엇인지 알고, 상상할 수 있다"라고 말하는 사람이 있다면, 그 사람이 매우 특별한 것입니다. 그러니 무가 무엇인지 잘 모르더라도 안심해도 됩니다.

우리도 벽을
통과할 수 있게 된다고?

· 양자 터널 효과 ·

그림은 양자 터널 효과의 예시이다.

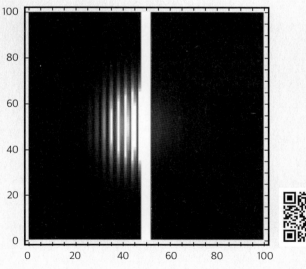

빌렌킨 가설에 따르면 우주의 탄생은 '양자 터널 효과'와 관련이 있습니다. 이 양자 터널 효과 역시 양자역학의 신기한 현상 중 하나입니다.

가령 공을 상자에 넣었다고 해 봅시다. 다시 공을 꺼내려면 당연히 상자 안에 손을 넣어 공을 들어올려야 합니다. 만약 가만히 두었는데 공이 저절로 상자 밖으로 나온다면 이상할 것입니다. 그런데 미시 세계에서는 이런 일이 일어납니다. 상자 안에 넣어야 할 입자가 일정한 확률로 상자 밖으로 나오게 됩니다. 마치 벽에 터널이 생겨 그곳을 통과하는 것처럼 말이지요. 지금까지 양자역학의 신기한 현상을 여러 가지 이야기했으니 무슨 말인지 어느 정도 짐작이 갈 것입니다.

입자의 위치는 정해져 있지 않기 때문에, 상자 안에 있는 입자도 구름이 뿌옇게 퍼진 것처럼 다양한 위치에 존재합니다. 따라서 입자는 상자의 벽에 의해 가로막히지 않고 상자 밖까지 퍼져 있으

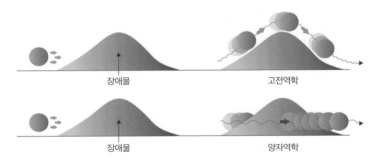

양자 터널 효과

므로, 관측을 하면 일정 비율로 상자 바깥에서도 발견됩니다.

양자역학은 확률의 세계이기 때문에 항상 입자가 밖으로 빠져 나온다고는 할 수 없습니다. 하지만 일단 입자가 밖으로 빠져나오면 자유롭게 움직일 수 있습니다.

빌렌킨은 우주의 크기가 0인 양자적 상태에서 양자 터널 효과로 인해 작은 우주가 홀연히 모습을 드러냈다는 개념을 제시했습니다. 상상하기는 어렵지만, 어쨌든 '무'에서 시간과 공간이 생겨날 확률을 양자론에 근거해 계산했습니다. 그 결과 우주의 탄생을 기술하는 것으로 보이는 수식을 얻었습니다. 이 수식에 따라 빌렌킨은 하나의 가설로써 무에서 우주가 탄생했다고 주장한 것입니다.

이듬해인 1983년에는 빌렌킨 가설을 받아들이는 한편 또 다른 방식으로 제임스 하틀(James Burkett Hartle)과 스티븐 호킹(Stephen William Hawking)이 무에서 우주가 탄생한 과정을 설명했습니다.

모든 이론은 이론적으로 예측한 가설이 실험이나 관측을 통해 확인할 수 있을 경우 과학 이론으로 받아들여집니다. 그러나 우주 탄생에 관한 이론은 관측도 실험도 할 수 없기 때문에 사실인지 아닌지는 알 수 없습니다. 미래에는 확인할 수 있는 방법을 찾을 수 있을지 몰라도 현재로서는 불가능합니다. 그러므로 무에서 우주가 탄생했다는 가설 역시 수학적 기술을 사용하면 '이론적으로는 가능성이 있다'라는 정도의 주장으로 받아들이는 것이 좋습니다.

이미 존재하는 우주에서
우주가 탄생했다면?

· 에크로파이로틱 우주론 ·

그림은 에크파이로틱 우주론의 이미지이다.
브레인 우주는 시각화를 위해 2차원의 '막'으로 표현되었다.
두 개의 브레인 우주가 충돌하여 빅뱅을 일으키고, 다시 분리되어 새로운 우주가 탄생한다.

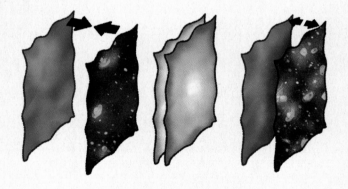

무에서 우주가 탄생했다는 이론과 반대로 유에서 우주가 탄생했다는 이론도 제안되었습니다. 이미 존재하는 우주에서 우주가 태어났다는 이론입니다.

2001년 영국의 물리학자 폴 스타인하트(Paul J. Steinhardt)와 닐 튜록(Neil Turok)이 제시한 '에크파이로틱 우주론'은 우주들끼리 충돌하여 새로운 우주가 탄생했다고 주장하며, 무에서 우주가 탄생했다는 이론을 부정했습니다. 참고로 에크파이로틱은 그리스어로 불덩이라는 뜻입니다.

다소 억지스러워 보일 수 있지만, 그 가능성을 무시할 수는 없습니다. '무에서 우주가 탄생했다'라는 것 말고도 다른 가능성이 있음을 보여 주는 것에도 의미가 있습니다. 이 우주에 다른 우주와 충돌한 흔적이 남아 있다면 이를 증명할 수 있을지 모릅니다.

이처럼 우주의 시작에 관한 다양한 아이디어가 있다는 점이 흥미롭습니다. 앞으로 더 설득력 있는 이론과 이를 확인할 수 있는 방법이 나올 수 있다고 생각합니다.

CHAPTER

어쩌면 '또 다른 나'가 존재할지도 모른다?

- 우주와 평행세계 -

"우리의 우주는 사실
별사탕 모양이다!"

· 우주의 균일과 비균일 ·

사진은 린데의 비균일한 우주에 대한 아이디어를 시각화한 것이다.

만약 무에서 우주가 탄생했다면, 갓 태어난 우주는 엄청나게 작았을 것입니다. 어차피 양자역학의 세계, 플랑크 단위(플랑크 상수에서 유도된 길이, 질량, 시간 단위. 이보다 작은 단위에서는 고전역학이 통하지 않는다)의 세계에서 태어났으니 당연히 아주 작았겠죠. 그러면 이 엄청나게 작은 우주가 급격하게 커져야 합니다.

바로 여기서 '인플레이션 이론'이라고도 부르는 '급팽창 이론'이 등장했습니다. 인플레이션이라는 말은 원래 물가가 급상승하는 현상을 가리키는 경제 용어지만, 우주론에서 말하는 인플레이션은 현재의 우주 팽창과는 비교할 수 없을 정도의 무서운 속도로 우주가 급팽창한 것을 말합니다. 이 급팽창 이론을 도입하면 그 밖의 이론으로는 설명하기 어려운 우주의 여러 가지 속성을 자연스럽게 설명할 수 있습니다.

평균적으로 우주는 어느 곳에서나 모습이 거의 똑같습니다. 이것은 참 수수께끼 같은 일입니다. 빛보다 빠른 속도로 정보를 주고받을 수 없기 때문입니다. 이게 무슨 말이냐 하면, 우주가 이처럼 균일하려면 빛이 이동하면서 우주의 각 부분이 서로 정보를 교환해야 하는데, 문제는 우주의 나이만큼 빛이 진행한 거리보다 우주의 크기가 더 크다는 것입니다. 그러면 서로 접촉할 수 없을 만큼 멀리 떨어진 곳에서도 우주의 모습이 비슷하다는 것은 부자연스럽습니다. 이는 원래 서로 정보를 주고받을 수 있을 만큼 작았던 우주가 아주 짧은 시간 내에 급격하게 팽창했기 때문에 전체적으로 비슷한 모습을 보이는 것이라고 설명할 수 있습니다.

그렇다면 처음부터 우주는 넓었고, 밀도가 높은 곳과 낮은 곳이 점차 균일해졌다고는 생각할 수도 있겠습니다만, 균일화에는 이동 시간이 필요합니다. 산을 평평하게 만들려면 산을 깎아낸 흙을 골짜기로 옮겨야 하듯이 말이지요. 그런데 우주는 빛의 속도로 물질이 이동한다 해도 도달하지 않을 정도로 먼 곳까지 평평합니다. 울퉁불퉁하지 않다는 소리입니다. 훨씬 더 오랜 시간을 들인다면 균일화되는 것도 이상하지 않지만, 우주의 나이인 약 138억 년이라는 시간으로는 불가능합니다. 비유하자면, 지구 반대편 사람들과 우리가 같은 언어를 쓰는 것과 마찬가지라고 할까요. 신기하지요? 그렇다면 과거에는 어떤 상호작용을 했으리라 추측하는 것이 자연스럽습니다.

요컨대 급팽창 이론이란 이런 것입니다. 처음에는 작은 우주에서 정보를 주고받다가 급격한 팽창으로 서로 멀리 떨어졌습니다. 지금은 정보를 교환하지 않지만, 아주 오래전의 정보를 물려받아 균일한 우주가 되었다는 것이지요.

하지만 관측 가능한 범위에서만 균일할 수도 있습니다. 러시아의 이론 물리학자 안드레이 린데(Andrei Linde)가 그런 아이디어를 냈습니다. 린데가 제시한 아이디어를 시각화하면 153쪽과 같이 우주는 뾰족한 별사탕 같은 모양을 띱니다. 급격한 팽창이 있었던 영역과 크게 팽창하지 않은 영역으로 나뉘는데, 바늘처럼 뾰족한 부분이 급격하게 팽창한 영역입니다. 우리는 급격히 팽창한 우주에 있으므로 바늘처럼 뾰족한 끝부분에 있는 셈입니다. 린데의 모델은 지금 우리 주변에 보이는 균일한 우주, 이것이 우주의 전부라고 생각하지만 사실은 그렇지 않다는 것을 의미합니다.

이것이 정말 맞는지 아닌지는 알 수 없습니다. 우리가 관측할 수 있는 범위의 우주가 균일하다는 것은 확실하지만, 그 너머는 알 수 없습니다. 또한 린데가 제시한 이 비균일한 우주에 관한 아이디어 역시 급팽창이 있었음을 전제로 합니다.

우주의 탄생을
이해하기 위한 노력들

· 빅뱅과 급팽창 이론 ·

전체 하늘의 파노라마 뷰로써 우리 은하계 너머 은하계의 분포를 보여준다.
가까운 은하는 파란색, 먼 은하는 빨간색으로 표시된다.

급팽창 이론은 1980년 초에 여러 연구자들이 각각 고안한 아이디어입니다. 급팽창 이론보다 먼저 나온 이론은 '빅뱅 이론'입니다. 우주가 빅뱅으로 시작되었다는 것은 이제 상식으로 여길 만큼 널리 알려져 있습니다.

하지만 빅뱅 이론은 우주의 시작 자체를 다루는 이론이 아닙니다. 우주는 말도 못 하게 뜨겁고 밀도가 높은 불덩이 같은 상태로 시작하여 팽창과 더불어 점점 식어갔다는 이론입니다. 이 이론의 핵심은 우주가 항상 같은 상태였던 것이 아니라 분명한 '시작이 있었다'라는 점입니다.

과거 빅뱅 이론에 반대하는 사람들은 '정상 우주론'을 주장했습니다. 정상 우주론은 우주가 팽창하긴 하지만 우주는 예나 지금이나 항상 같은 모습 그대로 있었다는 이론입니다. 우주는 영원하고 불변하다는 믿음을 버리지 못했던 것이지요. 하지만 우주가 팽창하면 그만큼 별과 은하 같은 물질의 밀도가 점점 희박해지므로 같은 모습을 유지할 수 없습니다. 그래서 별이나 은하가 없는 진공 공간에서 물질이 끊임없이 생성된다는 가설을 내놓았습니다.

1964년 우주 마이크로파 배경 복사가 발견되면서 빅뱅 이론이 옳다는 것을 받아들일 수밖에 없었습니다. 우주 마이크로파 배경 복사는 우주 전체의 물질 밀도가 높고 온도가 매우 높았을 때 생성되어 우리에게 도달한 빛입니다. 즉, 빅뱅의 증거가 됩니다. 그

밖에도 여러 가지 결정적 관측 증거가 쌓이면서 현재까지는 빅뱅 이론이 정상 우주론을 제치고 정설로 자리 잡았습니다.

다만, 빅뱅 이론이 설명하지 못하는 문제도 몇 가지 있었습니다. 그런 문제들을 해결하기 위해 등장한 것이 급팽창 이론입니다. 그중 하나가 방금 이야기한 '균일성 문제'입니다. 또 하나는 초기 우주에 소립자 이론을 적용하면 이론적으로는 자기 홀극이라는 기묘한 입자가 잔뜩 생성되어야 한다는 문제입니다. 이 문제 역시 우주가 급팽창하게 되어 공간이 엄청나게 커지자 입자가 희석되어 오늘날 관측하기 힘들어진 것이라고 설명할 수 있습니다.

이처럼 급팽창 이론은 많은 것을 설명할 수 있기 때문에, 많은 연구자들이 실제로 초기 우주에서 급팽창이 일어났을 것이라고 생각합니다. 하지만 급팽창 이론은 아직 완성되지 않았습니다. 확실하게 옳다고 말할 수 없는 가정을 여럿 사용하는 데다 급팽창이 일어난 원인도 명확하지 않습니다. 현재는 많은 급팽창 이론이 난립해 있는 상태로, 앞서 언급한 린데의 아이디어도 그중 하나입니다.

왜 우주가
하나가 아니라는 걸까?

· 카오스적 급팽창 ·

그림은 카오스적 급팽창을 시각화한 것이다.
급팽창한 영역이 각각 별도로 존재한다는 것을 보여준다.

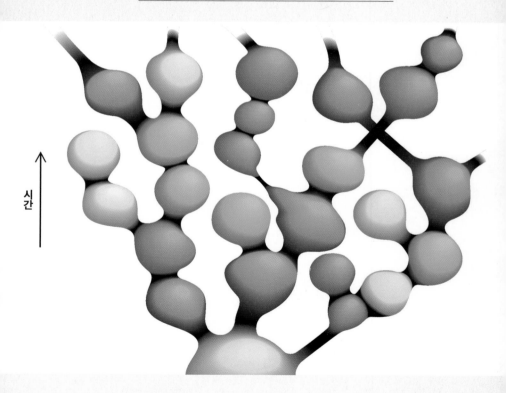

시간

급팽창 이론 중에는 우주가 하나가 아니라 여러 개 존재한다고 주장하는 이론도 있습니다. 이처럼 우리가 사는 우주 외에도 여러 개의 우주가 존재한다는 개념을 '다중 우주(멀티버스)'라고 합니다.

이제 다중 우주의 다양한 가설을 살펴보겠습니다. 160쪽 그림은 급팽창이 계속되는 영역과 급팽창이 끝난 영역, 급팽창이 거의 일어나지 않은 영역이 각각 별도의 우주로 존재한다는 것을 보여줍니다. 급팽창이 끝난 뒤 일부 급팽창이 여전히 진행 중인 영역은 주변과 아무런 접촉을 하지 못하게 되어 별개의 우주가 됩니다.

둥그런 거품처럼 생긴 부분 하나하나가 각각 균일한 우주이며, 주변의 거품과는 더 이상 서로 접촉할 수 없는 개별 우주입니다. 이렇게 해서 공간적으로 연결되어 있지만, 전체적으로 우주는 점점 더 증식해 나갑니다. 이 모델은 급팽창이 여기저기서 끊임없이 일어나는 혼란스러운 상태라는 의미에서 '카오스적 급팽창'이라고 부릅니다.

사실 이것은 앞서 설명한 별사탕 모양의 급팽창 우주(153쪽 참고)와 개념은 동일합니다. 이 두 가지 모두 린데의 아이디어로, 153쪽 그림은 카오스적 급팽창의 특정 순간을 보여주는 것이고, 160쪽 그림은 위로 올라갈수록 시간이 진행되는 것을 나타내는 그림입니다. 특히 160쪽 그림은 3차원의 우주에 시간 축을 더한 것을 2차원으로 표현한 것이므로 이해하기 어려울 수 있습니다.

거품 표면이 우주이고, 속은 비었습니다.

그런데 이런 형태로 단순화한 그림을 사실처럼 받아들이는 사람들이 종종 있습니다. 에크파이로틱 우주론의 이미지를 보고 우주가 정말 흐물흐물한 얇은 막이라고 오해하는 사람도 있었는데, 우주가 정말 이 그림처럼 생겼다고 생각해서는 안 됩니다.

3차원 공간에 사는 우리가 4차원 공간을 상상하는 것은 불가능합니다. 차원을 한 단계 낮춰 3차원으로 구현해 이해하는 것은 익숙해지면 할 수 있게 되겠지만, 4차원 공간을 머릿속에서 그릴 수 있는 사람은 거의 없습니다.

드문 예로, 고차원 공간을 자연스럽게 인식했던 것으로 알려진 수학자가 있습니다. 레프 폰트랴긴(Lev Semenovich Pontryagin)이라

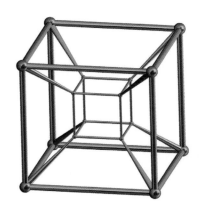

초입방체 또는 테서랙트

4차원 공간에서 공간으로 둘러싸인 4차원 물체로, 4차원 이상의 시공간을 나타내기 위해 고안된 수학적 개념

는 인물로, 시각 장애를 딛고 학문적으로 성공한 러시아 수학자입니다. 그는 마치 직접 본 것처럼 고차원 공간에 대해 묘사하곤 해서 주변 사람들을 놀라게 했다고 합니다. 고도의 수학은 계산보다는 이미지의 세계에 가깝기 때문에 공간을 상상하는 능력이 다른 사람들보다 더 뛰어났던 것이 아닐까 싶습니다.

수학뿐만 아니라 모든 분야에서 천재로 일컬어지는 사람들은 직관이 뛰어난 듯싶습니다. 그 직관은 몇 번이고 반복하면서 쌓인 경험에서 오는 것일 수도 있고, 상식의 틀을 벗어날 수 있는 데서 오는 것일 수도 모릅니다.

무한히 펼쳐지는 우주에는
무수히 많은 내가 존재한다?

· 다중 우주 ·

그림은 맥스 테그마크의 평행 우주 아이디어이다.

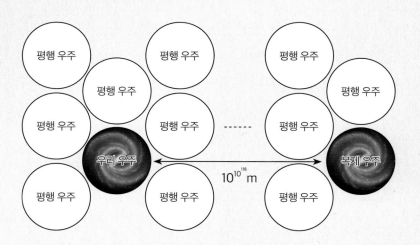

앞에서는 초기 우주의 급팽창 이후 마치 거품 목욕을 할 때 거품이 일듯 새로운 우주가 보글보글 끊임없이 탄생한다는 린데의 이론을 소개했습니다. 이번에는 더 단순한 다중 우주 가설인 이론 물리학자 맥스 테그마크(Max Tegmark)의 아이디어를 소개하겠습니다(164쪽 참고).

우리가 관측할 수 있는 우주는 빛이 138억 년 동안 도달할 수 있는 범위로 제한됩니다. 만약 우주가 무한히 펼쳐져 있다면 어떨까요? 멀리 떨어져 있는 곳과는 정보를 주고받을 수 없기 때문에 공간적으로는 연결되어 있지만 별개의 우주라고 생각할 수 있습니다. 서로 접촉할 수 없는 우주가 평행하게 무수히 존재하는 상태인 것입니다.

관측 한계로 인해 닫힌 우리 우주의 옆으로 평행 우주(패러렐 유니버스)가 늘어서 있습니다. 우리는 그 우주와 접촉할 수 없어 무슨 일이 일어나고 있는지 알 수 없지만, 평균적으로 보면 별과 은하가 있는 비슷한 우주일 것입니다. 다만, 지구와 똑같은 별은 없을 것입니다. 지구와 완전히 똑같은 환경이 있을 수 없기 때문이지요. 보통은 상상하기 힘든 기적 같은 일입니다.

그런데 우주가 무한히 펼쳐져 있다면 어떨까요? 지구와 똑같은 별이 존재할 가능성이 전혀 없지는 않습니다. 평행 우주가 셀 수 없을 정도로 많다면 그 모든 우주가 모두 다른 유형으로 만들어지는 것도 불가능합니다. 모든 가능한 우주가 실현된 저 먼 곳에는 지구를 꼭 닮은 별이 있고, 우리와 꼭 닮은 인간이 살고 있을지도 모릅니다.

이 닮은꼴 우주를 여기서는 복제 우주라고 부르겠습니다. 테그마크는 이 복제 우주가 얼마나 멀리 떨어져 있는지를 계산했습니다. 그것이 바로 10의 10제곱의 118제곱m입니다. 10의 118제곱이란 10을 118번 곱하는 것이므로, 1 뒤에 0이 118개 붙는 수입니다. 그 수만큼 다시 10을 곱하므로, 결국 1 뒤에 10의 118제곱 개의 0이 붙는 엄청나게 큰 수입니다. 우리가 도저히 상상할 수 없는 거리이지요.

참고로 1억은 1 뒤에 0이 8개가 이어지는 10의 8제곱이고, 1조는 10의 12제곱입니다. 17세기 일본에서 발간된 수학서 《진겁기(塵劫記)》에 실린 한자 문화권의 가장 큰 수 단위 '무량대수'도 10의 68제곱이니, 테그마크가 계산한 수가 얼마나 어마어마하게 큰 수인지 알 수 있습니다.

이처럼 복제 우주는 상상을 초월하는 아득히 먼 곳에 있습니다. 복제 우주에는 지구가 있습니다. 저도 있고, 여러분도 있습니다. 하지만 완전히 똑같은 것이 아니라 조금씩 다른 과정을 거쳤을 것입니다.

지금은 환경이 똑같더라도 관측 가능한 범위가 넓어지면 실제로는 조금 다르다는 것을 알게 될지도 모릅니다. 시간이 지날수록 관찰할 수 있는 범위가 넓어질 테니까요. 조금만 달라도 그것을 기점으로 두 우주는 서로 다른 운명을 맞이하게 되겠지요.

말 그대로 SF물에 나오는 평행 우주입니다. 그런데 정말 평행 우주가 존재할까요? 알 수 없지요. 우주가 무한히 넓다면, 그리고 균일하다면 논리적으로 평행 우주가 존재할 수밖에 없다는 것이 테그마크의 아이디어입니다.

일(一)	10^0	1
십(十)	10^1	10
백(百)	10^2	100
천(千)	10^3	1,000
만(萬)	10^4	10,000
억(億)	10^8	100,000,000
조(兆)	10^{12}	1,000,000,000,000
경(京)	10^{16}	10,000,000,000,000,000
해(垓)	10^{20}	100,000,000,000,000,000,000
자(姉)	10^{24}	1,000,000,000,000,000,000,000,000
양(穰)	10^{28}	10,000,000,000,000,000,000,000,000,000
구(溝)	10^{32}	100,000,000,000,000,000,000,000,000,000,000
간(澗)	10^{36}	1,000,000,000,000,000,000,000,000,000,000,000,000
정(正)	10^{40}	10,000,000,000,000,000,000,000,000,000,000,000,000,000
재(載)	10^{44}	100,000,000,000,000,000,000,000,000,000,000,000,000,000,000
극(極)	10^{48}	1,000,000,000,000,000,000,000,000,000,000,000,000,000,000,000,000
항하사(恒河沙)	10^{52}	10,000,000,000,000,000,000,000,000,000,000,000,000,000,000,000,000,000
아승기(阿僧祇)	10^{56}	100,000,000,000,000,000,000,000,000,000,000,000,000,000,000,000,000,000,000
나유타(那由他)	10^{60}	1,000,000,000,000,000,000,000,000,000,000,000,000,000,000,000,000,000,000,000,000
불가사의(不可思議)	10^{64}	10,000,000,000,000,000,000,000,000,000,000,000,000,000,000,000,000,000,000,000,000,000
무량대수(無量大數)	10^{68}	100,000,000,000,000,000,000,000,000,000,000,000,000,000,000,000,000,000,000,000,000,000,000

수의 단위

참고로 테그마크가 계산한 10의 10제곱의 118제곱m의 너머에도 평행 우주는 계속 이어지므로 복제 우주는 여전히 존재할 것입니다. 복제 우주는 하나가 아니라는 소리입니다. 오히려 우주는 무한하기 때문에 수없이 많은 복제 우주를 발견할 수 있을 것입니다. 그러면 여러분 한 명 한 명도 무수히 많이 존재한다는 말이지요.

복제 우주에서 보자면 우리 우주가 바로 복제 우주입니다. 양자론적으로는 복제 우주와 우리 우주를 구분할 수 없습니다. 무수히 많은 '나' 중에 진짜 '나'는 누구인가? 이런 질문에까지 진지하게 이르게 되면 빠져나오기 힘들지도 모릅니다.

우리는 '무한'이라는 말을 너무 쉽게 사용하지만, 개념 자체는 결코 만만하지 않습니다. 무한을 얕보지 마세요!

모두의 힘을
하나로 만든 이론

· 우주에 존재하는 네 가지 힘 ·

사진은 상상으로 구현한 다중 우주의 가상 이미지이다.

다음으로 끈 이론과 관련된 '랜드스케이프 우주'에 관해 이야기해 보겠습니다.

먼저 끈 이론이 무엇인지 기본적인 부분부터 짚고 넘어가겠습니다. 끈 이론의 등장은 힘의 통합과 관련이 있습니다. 이 우주에는 네 가지 종류의 힘이 존재합니다. 바로 중력, 전자기력, 강한 힘(강력), 약한 힘(약력)입니다. 중력과 전자기력은 우리에게 꽤 친숙한 힘인 반면 강한 힘과 약한 힘은 미시 세계에 작용하는 힘이기 때문에 일상에서는 경험할 수 없습니다.

강한 힘은 원자핵이 흩어지지 않고 뭉쳐 있게 하는 힘입니다. 약한 힘은 어떤 종류의 입자가 다른 입자로 바뀌는 데 중요한 역할을 하는 힘입니다. 여기서 강하고 약하다는 것은 전자기력에 비해 힘이 강하고 약하다는 뜻입니다.

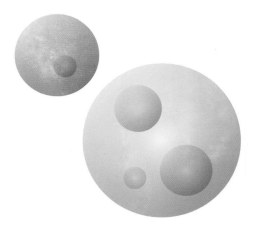

랜드스케이프 다중우주의 모습

아는 만큼 보이는 세상 | 우주 편

이처럼 서로 달라 보이는 힘들 사이에 어떤 관계가 있는지 연구하는 과정에서 전자기력과 약한 힘은 본질적으로 같은 세기를 가진다는 사실이 밝혀졌습니다. 이로써 전자기력과 약한 힘을 하나의 힘으로 통합하여 설명하는 '전약 통일 이론'이 만들어졌습니다. 이 이론을 통해 소립자의 성질을 대부분 설명할 수 있게 되었습니다.

현재 과학자들은 전약력에 강한 힘까지 합쳐 하나의 틀로 설명하기 위한 이론을 만들고 있지만, 아직은 불완전한 상태입니다. 이를 '대통일 이론'이라고 하는데, 이론적 예측과 실험 결과가 잘 맞아떨어지지 않는 등 실험적으로 검증되지 않아 아직 완성되었다고 할 수 없는 상태입니다.

가장 통합하기 어려운 힘은 중력입니다. 중력을 포함한 네 가지 힘을 하나로 통합하는 이론을 만들기 위해 등장한 것이 바로 '끈 이론'입니다. 1980년대에 크게 붐을 일으키면서 소립자 이론을 연구하는 많은 학자들을 끌어들였습니다. 그러나 끈 이론은 아직 완성되지 못했습니다. 이유는 간단합니다. 너무 어렵기 때문입니다.

끈 이론에서 사용되는 수학은 물리학에서 사용되는 수학을 아득하게 초월하여, 20세기에 이미 "21세기 수학을 사용하지 않고는 풀 수 없다"라는 말이 나올 정도였습니다.

물론 네 가지 힘을 통합할 수 있다면 실로 대단한 일이지요. 여러 가지 힘을 하나의 통일된 이론으로 설명하려는 큰 목표를 향해 지금도 많은 과학자가 연구에 몰두하고 있습니다.

"우리가 사는 우주는 사실 10차원이다!"

· 끈 이론 ·

사진은 3차원을 구현한 이미지이다.

'초끈 이론', '초현 이론'이라고도 불리는 '끈 이론'은 우주의 모든 입자가 점이 아니라 끈(또는 이와 유사한 것)이라고 보는 것이 핵심입니다.

입자라고 하면 흔히 단순한 모양의 알갱이를 떠올리게 됩니다. 이처럼 입자를 점으로 생각하면 0차원이라고 할 수 있습니다. 그런데 가령 1차원으로 펼쳐진 끈이라고 생각하면 더 많은 정보를 담을 수 있는 이점이 있습니다.

아주 간단하게 설명하면, 끈 이론에서는 소립자와 힘이 모두

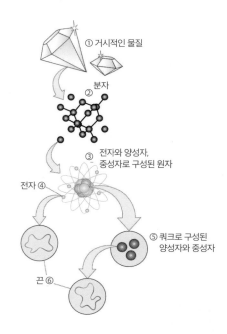

① 거시적인 물질

② 분자

③ 전자와 양성자, 중성자로 구성된 원자

전자 ④

⑤ 쿼크로 구성된 양성자와 중성자

끈 ⑥

끈 이론

끈 이론에 의하면 모든 물질은 궁극적으로 아주 작은 끈으로 이루어져 있다.

끈(또는 이와 유사한 것)에서 만들어진다고 생각합니다. 끈의 길이와 진동 상태에 따라 여러 가지 소립자와 힘이 발생한다는 것입니다.

그런데 끈 이론은 이 우주가 우리가 일상적으로 경험하는 3차원 공간에서는 작동하지 않습니다. 5차원이나 6차원으로도 충분하지 않으며, 9차원 공간에 1차원의 시간을 더한 10차원의 세계가 되어야 이론적으로 모순 없이 끈 이론이 성립합니다. 즉, 3차원 공간으로 생각했던 이 세상에는 6개의 차원이 더 있다는 말이 됩니다.

보통이라면 이쯤에서 말도 안 된다며 내던져버릴 법도 한데, 끈 이론의 아름다움에 사로잡힌 연구자들은 시공간에 대한 기존의 생각을 완전히 포기하고 이 우주는 10차원(관점에 따라서는 11차원)이라는 결론을 내렸습니다. 아름다운 이론이 진리일 가능성이 더 크기 때문에 그렇게 가정하기로 했다는 얘기입니다.

끈 이론이 옳다면 실제로는 10차원의 시공간에서 살고 있는 셈인데, 우리가 경험하는 세계가 마치 4차원의 시공간인 것처럼 인식될 뿐이라고 설명했습니다. 나머지 6차원은 아주 작은 영역에 둥글게 돌돌 말려 있어 우리 눈에 보이지 않는다는 것입니다.

끈 이론은 차원이 늘어날수록 수학적 계산이 매우 복잡해지는데, 10차원이 되면 혀를 내두를 정도로 복잡해집니다. 여분의 6개 차원이 둥글게 말리는 방법의 가짓수도 엄청나게 많기 때문에 적어도 10의 500제곱 개 정도의 다양한 모습의 우주가 존재 가능할 것으로 추측됩니다. 이게 얼마나 큰 수인가 하면 1조를 41번 곱하고, 여기에 다시 1억을 곱한 것과 같습니다. 사실 이 계산은 너무 어려워서 존재 가능한 우주가 정확히 얼마나 되는지는 아직 밝혀지지 않았습니다.

어쨌든 끈 이론에 따르면 우주의 모습은 한 가지가 아니라 아주 다양할 수 있습니다. 그중 우리 우주는 어떤 모습을 하고 있을지 자연스럽게 궁금증이 생깁니다. 우리 우주의 모습을 결정하는 원리는 없습니다. 그 원리를 찾아내기 위해 여러 가지로 노력했지만, 모두 허사였습니다.

그러던 중 '우리 우주가 지금의 모습인 것은 우연에 불과하다'라는 주장이 등장했습니다. 이것이 바로 '랜드스케이프 우주'라는 모델입니다.

우리의 물리 법칙과
완전히 다른 우주의 존재

· 랜드스케이프 우주 ·

그림은 랜드스케이프 우주의 개념도이다.
랜드스케이프는 영어로 '풍경'이라는 뜻으로, 랜드스케이프 우주라는 이름은 여기서 유래했다.

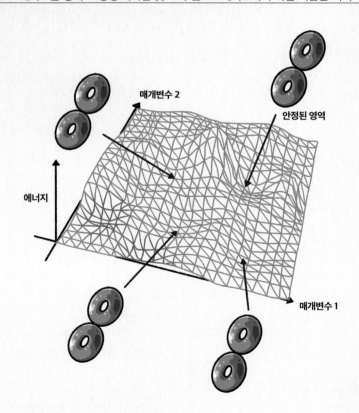

먼저 177쪽 그림을 봅시다. 우주의 성질을 결정하는 매개변수는 여러 가지가 있는데, 여기서는 두 가지가 있다고 가정해 보겠습니다. 그림의 상하 방향은 에너지이고, 좌우 방향이 매개변수 1, 전후 방향이 매개변수 2입니다. 매개변수의 조합에 따라 에너지가 달라집니다.

그림을 보면 두 개의 매개변수로 만들어진 '지면'은 산과 골짜기로 이루어져 있는 것을 알 수 있습니다. 그림에는 네 개의 골짜기에 화살표가 그려져 있는데, 이 골짜기 부분은 안정된 영역입니다. 반면 산 위나 경사면 부분은 불안정합니다. 마치 산 위에 있는 공이 굴러 낮은 골짜기로 가면 멈춰서 움직이지 않는 것과 같습니다. 골짜기처럼 안정된 영역에서 우주가 생성될 가능성이 있습니다.

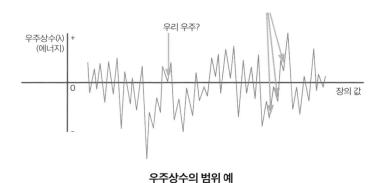

우주상수의 범위 예

서로 다른 여분차원이 100^{500}가지 존재할 수 있다는 이론을 우주론에 적용한 그래프. 그래프에서 주변장(field)보다 상대적으로 값이 낮은 곳은 안정된 곳이므로 모두 우주가 생성될 가능성이 있다.

이 안정된 영역 가운데 우주가 어디서 만들어지는지에 대해서는 절대적인 정답은 없습니다. 주변보다 낮은 골짜기라면 어디든 상관없기 때문에 우리 우주의 지금의 모습은 우연의 일치에 불과할 뿐입니다. 그림에는 화살표가 네 개만 그려져 있지만, 실제 계산을 통해 안정된 영역의 개수를 추정해 보면 적어도 10의 500제곱 개가 됩니다.

이 모델에 따르면 각 우주의 물리 법칙은 완전히 다릅니다. 예를 들어, 어떤 한 골짜기가 5차원 세계이고, 다른 한 골짜기가 4차원 세계여도 상관없습니다. 우리 우주에 인간의 생존에 적합한 물리 법칙이 작동하고 있는 이유는 무작위로 만들어진 우주 가운데 우연히 인간이 우리 우주에 존재하기 때문이라고 설명할 수 있습니다.

요컨대 우리 우주 말고도 다른 물리 법칙에 따라 움직이는 우주가 아주 많을 가능성이 있다는 뜻입니다. 우리 우주 외에도 또 다른 우주들이 존재하지 않을 이유가 없다고 말할 수도 있습니다.

물론 관측을 통해 확인할 수 없기 때문에 다른 우주의 존재 여부를 두고 논쟁을 벌여 봐야 소용이 없습니다. 다만, 이론적으로 가능성이 있는 만큼 우리 우주 외에도 "다른 우주는 존재한다"라는 주장이 더 합리적입니다. 다른 우주는 존재하지 않는다고 주장하려면 그것을 뒷받침할 근거가 필요하기 때문입니다. 모든 가능한 우주들이 존재하고, 우연히 우리 우주가 이곳에 있다고 말

하는 편이 받아들이기 쉽습니다. 하지만 정말 다른 우주가 존재
한다는 것을 확신하려면 결국 실험적 증거가 필요합니다.

서로 다른 차원으로는
영원히 갈 수 없다고?

· 브레인 우주 ·

브레인 우주는 다중 우주의 개념 중 하나이다.
에크로파이로틱 우주론은 브레인 우주의 개념을 바탕으로 한다.

같은 고차원이라 해도 10차원의 시공간으로 설명하는 끈 이론은 4차원 시공간 이외 여분 차원의 시공간은 둥글게 말려 있다고 가정합니다. 한편, 브레인 우주는 3차원 공간 이외의 차원으로 물질이 이동할 수 없는 구조입니다. 사실은 우리가 사는 3차원 공간 바깥에 여분 차원이 펼쳐져 있지만, 브레인 우주에 갇혀 있기 때문에 여분 차원으로 갈 수도, 관측할 수도 없다는 것입니다.

마치 종이 위에서만 이동할 수 있는 2차원의 사람이 위나 아래로 갈 수 없기 때문에 3차원의 방향을 모르는 것과 같습니다. 우

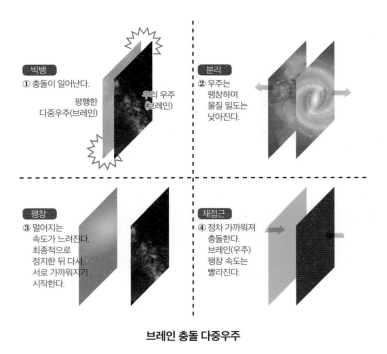

빅뱅
① 충돌이 일어난다.

평행한
다중우주(브레인)

우리 우주
(브레인)

분리
② 우주는
팽창하며
물질 밀도는
낮아진다.

팽창
③ 멀어지는
속도가 느려진다.
최종적으로
정지한 뒤 다시
서로 가까워지기
시작한다.

재접근
④ 점차 가까워져
충돌한다.
브레인(우주)
팽창 속도는
빨라진다.

브레인 충돌 다중우주

리는 3차원 이외에는 어디로도 갈 수 없기 때문에 모르는 것일 뿐 실제 우주는 고차원 공간이라는 것입니다.

브레인 우주론은 1999년 미국의 유명한 이론 물리학자 리사 랜들(Lisa Randall)이 라만 선드럼(Raman Sundrum)과 함께 논문을 발표하면서 널리 알려지게 되었습니다. 당시에는 이미 끈 이론이 유행하고 있었는데, 여분 차원은 둥글게 말려 있어 보이지 않는 것이라는 예측이 마음에 들지 않았던 랜들과 선드럼이 "둥글게 말려 있지 않아도 된다, 단지 이동할 수 없을 뿐이다"라며 다른 이론을 내놓은 것입니다.

존재할 수 있지만
존재하지 않는다는 말의 뜻

· 괴델의 불완전성 정리 ·

그림은 '존재 가능한 우주는 실제로 존재하는가' 하는 물음에 관한 정리이다.

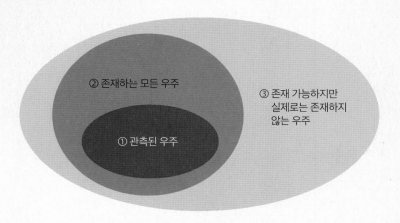

② 존재하는 모든 우주

③ 존재 가능하지만
실제로는 존재하지
않는 우주

① 관측된 우주

지금까지 살펴본 다중 우주의 모습은 모두 관측을 통해 확인할 수 있는 것은 아닙니다. 어느 것이든 가능성을 부정할 수 없는 지점에 와 있으며, 어떤 것이 옳다고 단정할 수 없습니다. 논리적으로 모순이 있다면 '이것은 옳지 않다'라는 것을 알 수 있지만, 어느 것 하나 모순이 없습니다. 부정할 수 없는 모델들이 줄지어 있는 상태입니다.

이를 물리학자 폴 데이비스(Paul Davies)가 184쪽 그림과 같이 정리했습니다. 언뜻 보기에는 지극히 상식적인 아이디어로 보이지만, 실은 매우 심오한 내용이 담겨 있습니다. 앞서 평행 우주 아이디어를 제시한 테그마크는 수학 원리주의자로, "수학적으로 존재 가능한 우주는 모두 존재한다"라고 단언했지만, 데이비스의 관점에서는 "존재 가능하지만 존재하지 않는 우주가 있을 수 있다"라는 것입니다.

우선 모두가 확실히 존재한다고 받아들이는 것은 관측 가능한 우주입니다. 별이 있고 은하가 있다면 그것이 존재하지 않는다고 말할 수는 없습니다. 눈에 보이기는 해도 실제로는 존재하지 않는다는 식의 철학적인 이야기를 하는 사람도 있을 수 있지만, 물리학의 관점에서 보면 말이 안 됩니다. 관측할 수 있고 그 성질을 알 수 있다면 그것은 존재하는 것입니다. 184쪽 그림에서는 ①에 해당합니다.

물론 앞에서 설명한 대로 관측에는 한계가 있습니다. 지평선 너머에 우주가 존재한다고 해도 우리가 볼 수는 없습니다. 다만, 합리적으로 생각해 보면 지평선 너머에도, 우리가 있는 곳까지 빛이 도달하지 않았을 뿐 어느 정도 우주가 존재할 것입니다. 그것이 ②입니다.

그 바깥에 존재 가능하지만 실제로는 존재하지 않는 영역 ③이 있습니다. 이것이 데이비스가 분류한 영역입니다. 이 그림에서 보자면 테그마크의 입장은 ③이 존재하지 않는다는 것입니다.

또는 ②가 존재하지 않는다고 보는 사람들도 있습니다. 관측할 수 없는 것은 존재하지 않는다는 입장입니다. 많은 사람이 직관적으로 우리에게 빛이 도달하지 않는 지평선 너머에도 우주가 이어져 있을 것이라고 생각하지만, 실제로는 존재하지 않는다는 것입니다.

데이비스의 분류를 살펴볼 때 우리가 고려해야 할 점은 애초에 이런 종류의 분류가 가능한가 하는 것입니다. 184쪽 그림과 같이 분류하는 선을 그릴 수 있느냐, 또한 그려도 되느냐 하는 문제입니다. 데이비스 역시 그런 문제에 관해 이야기합니다.

예를 들어, 지금은 관측되지 않더라도 미래에는 관측될 수도 있다면 어떨까요? 그렇다면 ①에서는 확고한 선을 그릴 수 없습니다. 또한, ③에서는 선을 그릴 수 있는가에 대한 질문도 있습니다. 우주가 존재 가능하다는 판단을 과연 내릴 수 있는지를 묻는 것입니다.

20세기 초 천재 수학자 괴델이 제시한 '불완전성 정리'라는 것이 있습니다. 어떤 수학 이론이 있을 때, 그것이 전체적으로 모순되는지 아닌지 증명하는 것은 특정 조건 아래에서는 절대로 불가능함을 증명한 것입니다. 쉽게 말해 그 수학 이론이 옳은지 그른지 결론을 내릴 수 없다는 정리입니다. 이 정리에 따르면 어떤 우주 모델이 수학적으로 존재 가능한지 그렇지 않은지조차 단언할 수 없습니다.

괴델이 제시한 불완전성 정리에 대한 증명은 굉장히 고상한 증명이라고 할까요, 아무튼 엄청나게 어렵습니다. 수학 논문이라 보기 힘든, 거의 논리학의 영역입니다. 인간이 생각할 수 있는 모든 아이디어를 기호화한다는 것을 비롯해 매우 독특하고 난해한 논문이었습니다. 저는 어디까지나 수학자가 아니라 물리학자이기 때문에 다른 수학자들이 괴델이 한 말을 알기 쉽게 설명해 준 것을 재미로 읽을 뿐이지만, 꽤 흥미로운 내용임은 분명합니다.

가능한 확률과 불가능한 확률이 공존한다면?

· 양자론의 해석 문제 ·

양자론에서는 모든 것이 확률로 표현된다.
측정 결과가 어떻게 확정되는지 설명하려는 시도를 '양자론의 해석 문제'라고 한다.

다시 다중 우주 이야기로 돌아가서 양자론적 다중 우주에 관한 이야기를 해 보겠습니다. 앞에서 말했듯이 양자론에서는 모든 것이 '확률'로 표현됩니다. 측정하기 전에는 여러 가능성이 중첩된 상태입니다. 측정하고 나서야 그 가능성 중 하나가 결과로 확정됩니다. 측정을 통해 결과가 확정될 때 도대체 무슨 일이 일어나고 있는 것일까요? 그 원리는 알려져 있지 않습니다. 더구나 결과가 확정되는 시점이 언제인지도 사실 명확하지 않습니다.

예를 들어, 전자의 위치를 측정한다고 해 봅시다. 측정하기 전 전자는 위치 A와 위치 B 둘 중 어느 한 곳에 있다고 합시다. 이때, 전자가 A 또는 B 위치에 있을 확률은 각각 50%입니다. 그것이 측정에 의해 위치 A로 결정되었습니다. 이러한 측정 결과가 확정되기까지의 과정을 간단히 살펴보면, 먼저 전자에 빛을 쪼이면 전자와 부딪혀 빛이 튕겨 나옵니다. 이 튕겨 나온 빛(광자)이 검출 장치에 들어가면 약간의 전류가 흐릅니다. 이 전류를 증폭하는 회로를 거쳐 측정기 화면에 'A'로 표시된 것입니다.

그렇다면 이 연속된 과정 중 어느 단계에서 결과가 확정된 것일까요? 빛이 튕겨 나올 때일까요? 빛도 양자론의 원리를 따르기 때문에 빛이 반사될 확률과 반사되지 않을 확률이 공존하는 상태입니다.

빛을 검출하는 장치 역시 양자론의 원리에 따라 작동합니다. 전류가 흐를 확률과 흐르지 않을 확률이 공존합니다. 전류를 증폭하는 장치도 마찬가지입니다. 이처럼 확률의 연쇄가 이어진 뒤 측정기의 화면에 표시됩니다. 일반적으로 화면에 표시되는 것처럼 인간의 눈으로 볼 수 있는 큰 변화가 발생하면 확률적 성격은 사라지는 것으로 가정합니다.

그런데 측정기의 화면에는 표시되었지만, 아직 인간이 보지 않았을 때는 어떻게 될까요? 더 정확히 말하자면 인간의 눈도 측정 장치의 하나입니다. 눈에 들어온 빛이 전기 신호로 뇌에 전달되고, 뇌가 정보를 처리한 결과 'A'라고 판단하기 때문입니다. 이와 같이 측정 결과의 확정이 어떻게 일어나는지 설명하려는 시도를 '양자론의 해석 문제'라고 합니다.

양자론 해석의
양대 산맥

· 코펜하겐 해석과 다세계 해석 ·

그림은 다세계 해석을 나타낸 이미지이다.
다세계 해석에서는 파동함수의 확률만큼의 비율로 모든 세계가 현실화된다.

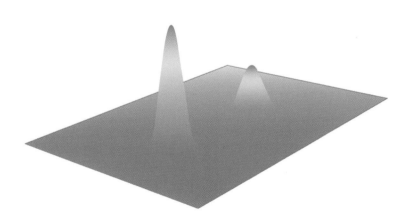

양자론의 해석 문제는 오랫동안 논의되어 왔지만, 여전히 결론이 나지 않은 상태입니다. '측정기처럼 크기가 큰 장치에는 양자론의 원리가 적용되지 않으므로 화면에 결과가 표시될 때 확정되는 것이 아닐까?', '인간의 의식이 측정 결과를 판단한 순간 확정되는 것이 아닐까?' 여러분은 어떻게 생각하나요?

현재 표준적인 양자론 해석으로 받아들이는 '코펜하겐 해석'이 이것에 가깝습니다. 덴마크 코펜하겐에 있는 이론 물리학 연구소의 소장인 닐스 보어(Niels Bohr)를 비롯한 젊은 물리학자들이 방금 이야기한 것과 같은 해석을 내놓으며, 측정값이 확정되는 과정을 묻는 것 자체가 무의미하다고 주장했습니다.

관측한 것과 그로부터 얻을 수 있는 결과만을 확실하게 말할

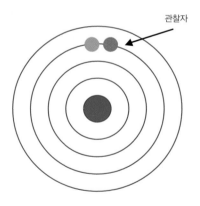

관찰자

코펜하겐 해석

전자의 상태를 서술하는 파동함수는 여러 가지 상태가 확률적으로 겹쳐져 존재한다. 관찰자는 많은 것 중에 하나를 확률적으로 관측할 뿐이다. 이것은 파동함수의 붕괴가 일어나 겹침 상태가 아니라 하나의 상태로만 결정된 것이다.

수 있으며, 그 이면에 무언가가 실재한다고 생각해서는 안 된다는 입장입니다. 해석해야 할 문제 자체를 없애버렸기 때문에 결국 연속된 과정 중 어느 단계에서 결과가 확정되는지 알 수 없게 된 셈이지만, 실용적인 측면에서 보자면 가장 편리한 해석입니다. 그래서 오늘날에도 대학에서 통용되는 물리학 교과서는 코펜하겐 해석을 정설로 다루고 있습니다.

한편, 1957년 휴 에버렛 3세(Hugh Everett III)는 코펜하겐 해석과는 다른 참신한 해석을 제시했습니다. 이후 이것은 '다세계 해석'이라고 불리게 됩니다.

에버렛은 "언제 확정되느냐"라는 질문은 불필요한 것이며, "확

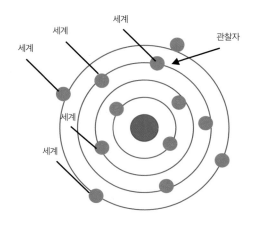

다세계 해석

관찰자는 많은 것 중에 하나를 관측할 뿐이다. 따라서 여러 가지 상태는 여전히 확률적으로 존재하며 파동함수는 붕괴되지 않는다. 또한, 관측할 때마다 다른 상태(세계)가 생긴다. 무한자유도를 가지며, 확률론적이면서도 결정론적이다.

정되지 않는다"라는 주장을 내놓으며 "측정 결과가 확정되는 것이 아니라, 인간의 의식이 하나의 측정 결과를 가져온 세계만을 인식할 수 있다"라고 말했습니다. 즉, 양자적으로 중첩된 모든 가능성은 이 물리 세계에 실현되지만, 인간은 그중 하나의 가능성만 인식할 수 있다는 말입니다. 결국 인간의 문제라는 의미입니다.

방금 예로 든 전자의 경우, 위치 A에 있을 가능성과 위치 B에 있을 가능성이 각각 50%였습니다. 확률은 그대로 유지됩니다. 인간이 관측한 순간, 전자가 A 위치에 있다고 보는 관측자와 B 위치에 있다고 보는 관측자로 나뉩니다. 관측하기 전에는 한 사람이었지만, 관측한 순간 그 사람의 세계가 마치 나무에서 가지가 갈라져 나오듯 분기합니다.

두 관측자는 서로의 존재를 알아차릴 수 없고, 관측 후에는 자신이 얻은 측정값과 모순되지 않는 세계만 인식할 수 있습니다. 그리고 어느 세계로 갈지는 자신이 결정할 수 없습니다. 이 해석에 따르면 관측자가 더 이상 인식할 수 없는 세계가 무수히 존재합니다. 셀 수 없이 많은 평행 세계가 생겨날 수 있다는 것입니다.

'슈뢰딩거의 고양이' 이야기에서는 상자를 열기 전까지 고양이는 살아 있는 상태와 죽은 상태가 중첩되어 있다고 했습니다. 그러다가 상자를 여는 순간 둘 중 하나의 상태로 결정된다고요. 그런데 에버렛의 해석을 여기에 적용하면 살아 있는 고양이를 목격한 사람과 죽은 고양이를 목격한 사람으로 나뉜다는 얘기가 됩니다. 즉, 인간도 고양이처럼 중첩된 상태로 공존한다는 뜻입니다.

모든 가능성이 갈라진 세계를 통해 실제로 모두 실현되어 공존합니다. 신의 관점에서 보자면 혼란스럽겠지요. 하지만 그 안에 있는 인간은 자신이 속한 세계에서 일어난 사건밖에 인식할 수 없습니다. 양자론을 우주 전체로 확장하여 적용한 에버렛의 해석에 따르면 평행 세계도 다중 우주의 하나라고 할 수 있습니다.

"인간이 우주를 보아야
우주도 존재한다!"

· 참여적 인류 원리 ·

인류 원리란 우주가 인간에게 적합한 구조를 갖춘 이유를 인간 존재에서 찾는 관점이다.
참여적 인류 원리란 우주 안에 관측자가 있어야 우주가 존재할 수 있다는 관점이다.

에버렛의 스승이자 양자역학과 중력이론의 전문가이며 블랙홀이란 용어를 처음 만들어 낸 존 휠러(John Wheeler)는 에버렛을 극찬했습니다. 하지만 얼마 지나지 않아 관측이 불가능한 것을 가정한다는 점에서 아무런 의미가 없다고 생각하게 되었습니다.

휠러는 다음과 같은 요지의 말을 했습니다. "양자론은 입자들의 정보 교환을 기술하는 것일 뿐 실체로 존재하는 것은 아니다. 생명체가 우주를 관측한 후에야 비로소 우주가 존재하는 것이다."

우리는 뇌로 정보를 처리하여 '여기에 이런 것이 있다', '이렇게 움직이고 있다'와 같이 판단하지만, 그것이 실제로 그런지 아닌지는 아무런 상관이 없습니다. 존재한다고 생각하기 때문에 존재하는 것입니다. 또다시 철학적인 이야기가 나왔군요.

현재의 우주가 인간에게 적합한 구조를 갖추고 있는 이유를 인간의 존재에서 찾는 관점을 '인류 원리'라고 합니다. 우주가 인간

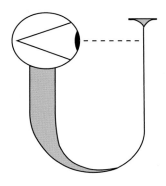

참여적 인류 원리를 나타내는 그림

에게 적합한 이유는 만약 그렇지 않으면 인간이 우주를 관측할 수 없기 때문이라는 논리입니다. 인간이 우주에 존재함으로써 비로소 우주가 관측될 수 있다는 말인데, 요컨대 우주가 인간에게 적합하지 않다면 우주를 관측할 인간이 없으므로 우주 자체의 존재가 알려지지 않는다는 의미입니다.

인간 원리에는 여러 종류가 있는데, 휠러의 관점은 '참여적 인류 원리'라고 합니다. 이를 알기 쉽게 그림으로 표현하면 197쪽과 같습니다. U자 모양의 우주에 그려진 눈은 우주 안에 있는 관측자로, 우주가 자기 자신을 보고 있는 모습입니다. 즉, 우주 안에 관측자가 있어야만 비로소 우주가 존재함을 보여 줍니다.

이 세상은
진짜일까?

· 시뮬레이션 가설 ·

시뮬레이션 가설이란 영화 〈매트릭스〉처럼 시뮬레이션된 세계 속에 살고 있다는 관점이다.
관측하고 이론을 만들어야 진정한 우주의 모습을 알 수 있다.

휠러는 우주 안의 모든 것은 정보로 이루어져 있다고 주장했습니다. 그는 이것을 "모든 것은 비트에서 비롯된다(It from bit)"라고 간단하게 표현했습니다. 이러한 휠러의 관점의 기저에는 '우주는 인간이 생각하는 대로 존재하지 않는다'라는 인식이 깔려 있습니다. 우리가 생각하는 존재는 우리가 어떤 정보를 처리하는 과정에서 만들어지는 개념이며, 부차적인 것입니다. 즉, 존재의 본질은 정보라는 뜻입니다.

아무것도 없다면 우리가 존재하지 못할 것이고, 이 문제에 대해 생각할 수도 없겠지요. 그러니 존재는 합니다. 다만 우리가 보고 있는 것과는 다릅니다. 3차원 공간의 우주가 있고 지구가 있지만, 그것은 실제 모습이 아니라 우리가 그렇게 생각하는 것일 뿐입니다. 관측된 우주도 진짜가 아닙니다. 모두 우리 눈에 그렇게 보이는 것일 뿐이라는 얘기입니다.

진짜인지 아닌지는 젖혀 두고, 우리에게 '보이는 것'의 법칙을 밝혀내는 것은 의미가 있습니다. 애초에 과학은 일어나고 있는 일의 법칙을 찾아내고, 다음에 일어날 일을 예측하기 위해 발전해 왔습니다. 사실 이 세계가 영화 〈매트릭스〉와 같은 가상현실이라 해도 우리가 그 안에서 살아가는 이상 우리는 그곳의 물리법칙을 알아야 합니다.

그리고 만약 물리 법칙에 어긋나는 것을 발견하면 그 원인이 무엇인지를 파헤쳐서 밝혀냅니다. 관측이 더 정확해질수록 '어딘가 이상한' 것을 발견할 수 있습니다. 상대성 이론도, 양자론도 그렇게 탄생했습니다. 이러한 과학적 발전으로 우리는 세상을 더욱 깊게 이해할 수 있게 되었습니다.

머릿속으로 생각하는 것만으로는 절대 모든 것을 밝힐 수 없습니다. 관측을 하고, 이론을 만들고, 이 둘 모두를 동원해야만 우주에 대해 더 깊이 알 수 있습니다. 대부분의 물리학자는 눈앞의 문제를 해결하는 데 관심이 있을 뿐, 궁극적으로 우주의 진정한 모습을 알 수 있느냐 없느냐에는 별 관심이 없습니다.

어쨌든 기존의 이론으로 다양한 현상을 설명하다 보면 때때로 한계에 부딪히게 됩니다. 그러면 기존 이론을 대체할 수 있는 새로운 이론이 등장합니다. 또한 영화 〈매트릭스〉처럼 이 세계가 사실은 컴퓨터 시뮬레이션이고, 인간은 고도로 시뮬레이션된 세계에서 살고 있다는 관점을 '시뮬레이션 가설'이라고 부릅니다. 우리가 시뮬레이션 세계에서 살고 있는지 아닌지 알 수 있는 방법은 없습니다. 나 자신에게는 현실일 뿐이니, 그대로 현실로 받아들여 게임을 하면 그만이라고 생각할 수도 있습니다.

반면, 이 세상이 시뮬레이션이라는 증거를 찾을 수 있다고 말하는 사람들도 있습니다. 프로그램이 완벽하다면 찾을 수 없겠지만, 분명 어딘가에 버그가 있을 것이라는 의견입니다. 만약 이 우주에 정말로 버그가 발견된다면, 그것을 돌파구로 삼아 이 우주가 어떻게 만들어졌는지 알아낼 수 있을지 모릅니다.

5

CHAPTER

운명은
정해져 있다는
과학적인
근거

- 우주와 매개변수 -

우주는 여러 기적이
겹쳐야만 탄생한다

· 다중 우주론 ·

우주는 수많은 조건이 맞아떨어지지 않으면 만들어지지 않는다.

우리 우주뿐만 아니라 무수히 많은 우주가 있다는 '다중 우주론'이 나온 데는 필연적인 이유가 있습니다.

간단히 말해서, 이 우주가 너무나 기적과도 같은 존재이기 때문입니다. 생명과 인간이 존재하는 우주는 수많은 조건이 기가 막히게 맞아떨어지지 않으면 만들어지지 않습니다.

그런데도 현실에 이 우주가 존재하는 이유가 무엇일지를 생각해 볼 때 다중 우주는 하나의 해결책이 될 수 있습니다. 무수히 많은 우주가 있다면 그중 하나쯤 이 기적 같은 우주가 있어도 이상하지 않습니다. 어떤 의미에서는 이 기적 같은 우주에 대한 의문을 쉽게 해결할 수 있는 방법이 다중 우주인 셈입니다.

그렇다면 얼마만큼 기적적인 일일까요? 이번에는 그 이야기를 해 보겠습니다.

아는 만큼 보이는 세상 | 우주 편

중력이 딱 지금과 같은
힘을 가진 이유

· 매개변수 ·

중력은 전기의 힘보다 약하다.
중력과 전기력의 차이가 줄어들면 인간은 기어다니는 것도 힘들어진다.

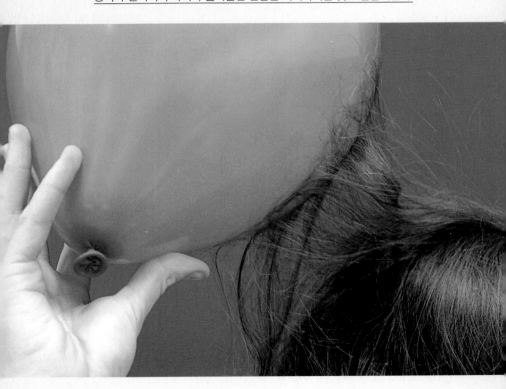

자연계에는 측정을 해야만 비로소 결정되는 상수가 많습니다. 물리 법칙에는 이러한 물리 상수가 항상 포함됩니다.

예를 들어, 전기력은 전자의 전하량에 따라 결정됩니다. 전하량이란 입자나 물체가 가진 전기의 양을 말합니다. 전기의 양을 측정하면 최소 단위의 정수배가 되는데, 그 최소 단위를 '전기소량'이라고 합니다. 전기소량은 어디에서 측정하든 같습니다. 따라서 특정 값을 찾아낼 수 있지만, 왜 그런 값을 가지는지는 이유를 알 수 없습니다. 즉, 이론적으로는 반드시 그 값이어야 할 이유가 없으며, 어떤 값이든 상관없습니다.

중력 상수도 마찬가지입니다. 뉴턴이 발견한 만유인력의 법칙에 따르면 만유인력은 두 물체의 질량의 곱에 비례하고, 두 물체 사이의 거리의 제곱에 반비례합니다. 이 관계에서 비례상수를 중력 상수라고 합니다. 중력 상수는 측정에 의해 결정된 것이며, 마찬가지로 꼭 그런 값을 가져야 할 이유는 없습니다.

이처럼 이론적으로 결정할 수 없는 수치를 '매개변수'라고 합니

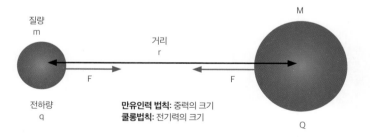

중력과 전기력의 계산식은 중력상수(G)와 쿨롱상수(k)의 차이가 있을뿐 같으므로, 사실상 작용하는 원리는 같다.

다. 매개변수는 어떤 값이 되든 상관없지만, 이 우주에서는 어떤 이유에서인지 하나의 값으로 고정되어 있습니다. 일부 매개변수는 지금과 약간만 값이 달라져도 이 세계가 크게 변하는 것으로 알려져 있습니다. 다시 말해, 우주에 생명체가 탄생할 수 없게 된다는 말이지요.

중력은 매우 약한 힘인 반면 전기력은 강한 힘이라는 사실에는 어떠한 필연성도 없습니다. 그러나 중력과 전기력의 세기가 지금과 약간만 달랐어도 이 우주에서 생명체가 살아갈 수 없었을 것입니다.

중력이 약하다는 말이 믿기 어려운가요? 중력은 물체 사이에 작용하는 인력입니다. 물론 지구 정도의 큰 물체라면 당기는 힘이 매우 강합니다. 그런데 예를 들어, 사과 두 개를 따로 떨어뜨려 놓더라도 두 사과 간의 인력은 거의 느껴지지 않지요. 반면 전기의 힘은 느낄 수 있습니다. 정전기를 떠올리면 이해하기 쉬울 것 같습니다. 책받침으로 머리를 문지르면 정전기로 인해 머리카락이 중력을 거슬러 거꾸로 섭니다. 이것만 봐도 전기의 힘에 비해 중력이 훨씬 약하다는 것을 알 수 있습니다.

이것은 사실 생명체에게는 중요한 조건입니다. 가령 중력이 지금보다 더 크다면 어떨까요? 인간은 땅 위에 서서 걸어 다닐 수 없게 됩니다. 또한 애초에 물체가 형태를 유지할 수 있는 것도 물체를 이루는 원자 사이에 작용하는 전기력 덕분입니다. 결국 인간이 중력을 거스르며 서 있을 수 있는 것은 전기력이 작용하기 때문이라는 이야기입니다.

지금보다 중력이 더 커지고 전기력이 더 작아져 중력과 전기력의 차이가 줄어들면 인간은 지금 같은 모습을 유지할 수 없습니다. 무거워진 몸을 지탱하기 위해 다리 굵기도 훨씬 굵어져야 합니다. 여기서 더 중력과 전기력의 차이가 줄어들면 인간과 같은 동물은 기어다닐 수조차 없게 됩니다.

이것은 하나의 예일 뿐이고, 중력과 전기력 사이의 비율이 바뀌면 인간뿐만이 아니라 우주 전체에 커다란 영향을 미쳐 생명이 탄생할 가능성은 극히 낮아집니다. 아무래도 자연계의 매개변수는 이 우주에서 생명이 탄생할 수 있도록 미세하게 조정되어 있는 것 같습니다. 마치 신이 매개변수를 자유자재로 바꿀 수 있는 기계를 가지고 있고, 그것을 생명을 탄생시키기 위해 섬세하게 조정하고 있는 듯한 느낌마저 듭니다. 어찌 된 영문인지 몰라도 우리 인간에게 유리한 값으로 설정되어 있다는 것이지요.

* 하지만 매개변수가 특정한 값을 갖는 데는 특별한 이유가 없기 때문에 현재의 물리학으로는 설명할 수 없습니다. 이것을 '우주의 미세 조정 문제'라고 합니다. 우주에는 측정을 해야만 알 수 있는 매개변수가 있는데, 현재 발견된 것만 해도 40개가 있습니다. 이 매개변수들은 모두 이 우주를 만드는 데 절묘한 값으로 작용합니다. 이러한 매개변수 중 몇 가지를 살펴보겠습니다.

중력이 지금보다 강하면
생기는 일

· 중력 상수 ·

지금보다 중력이 '크면' 지구는 스스로의 무게를 지탱할 수 없게 된다.
지금보다 중력이 '작으면' 천체가 만들어지지 못한다.

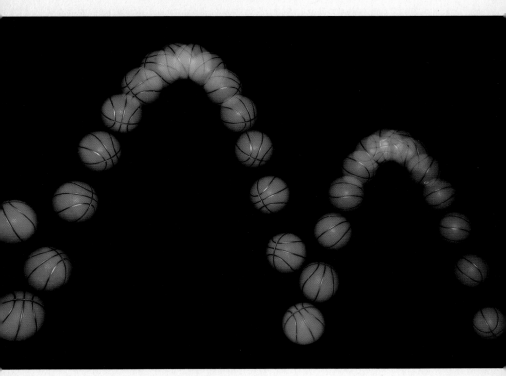

먼저 중력 상수 G입니다. 앞서 중력이 약하다고 설명했듯이, 중력 상수 값은 매우 작습니다. 어느 정도냐면, 너무 작아서 지금까지도 정확하게 측정되지 않고 있습니다.

아인슈타인의 이론에서 중력 상수는 물체가 주변의 시공간을 휘게 하는 크기에 비례하는 상수입니다. 즉, 중력 상수가 클수록 물체 주위의 시공간이 크게 휘어집니다. 중력은 매우 약하기 때문에 지구라는 큰 물체에 의해 시공간이 휘더라도, 그 휘어지는 정도는 대단히 작아 우리는 느끼지 못합니다. 이는 앞에서도 말했지만 인간에게 유리한 일입니다.

만약 중력 상수가 지금보다 10억 배 정도 더 크다면, 우리는 지구상에서 시공간의 휘어짐을 체감할 수 있을 것입니다. 빛은 직진하지 못하고, 지구에서 빛을 쏘더라도 다시 되돌아오게 됩니다. 마치 블랙홀처럼 되는 것이지요. 또한 지구는 스스로의 무게를 지탱할 수 없게 되어 땅조차 존재하지 않게 됩니다. 그런 곳에는 인간이 살 수 없겠지요?

반대로 지금보다 중력이 더 약하다면 어떨까요? 우주에서 물질이 모여 천체를 형성하고, 천체들이 모여 은하를 이루는 것은 중력이 작용하기 때문입니다. 중력이 더 약하다면 그만큼 물질이 모이는 데에는 더 긴 시간이 걸립니다. 이것이 유일한 이유라면 시간만 흐르면 문제가 되지 않을 것 같지만, 우주가 팽창하고 있다는 사실과 함께 고려하면 결국 천체는 만들어지지 못할 것입니다.

아는 만큼 보이는 세상 | 우주 편

만약 빛의 속도가 지금보다 느려지면 어떻게 될까?

· 빛의 속도 ·

빛이 지금보다 느려지면 약간만 움직여도 멈춘 사람과 수십 초의 차가 발생한다.

빛은 어마어마하게 빨라서 1초에 약 30만km를 달립니다. 만약 이 빛의 속도가 지금보다 느리다면 어떻게 될지 생각해 봅시다.

우리가 일상에서 시간이나 공간의 차이를 의식하지 못하는 이유는 빛의 속도가 엄청나게 빠른 데 반해 우리가 경험하는 속도가 매우 느리기 때문입니다. 움직이는 사람과 멈춰 있는 사람의 시간은 서로 다르게 흐르지만, 그 차이가 너무나 미미해서 느끼지 못합니다.

빛의 속도가 느려지면 시간이나 공간의 차이는 커집니다. 빛의 속도가 느려질수록 상대론적 효과가 커지므로, 약간만 움직여도 멈춰 있는 사람과 수십 초씩 시간 흐름의 차이가 발생할 수 있습니다. 그러면 약속을 잡을 수 없고, 소통도 불가능해집니다.

예를 들어, 빛이 1초에 1m밖에 진행하지 않는다면 1m 앞에 있는 사람은 1초 전의 그 사람입니다. 그런 상황이라면 서로 인사

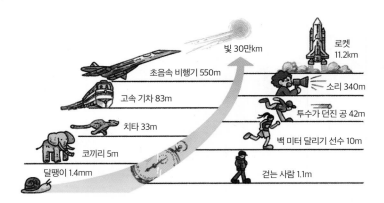

1초만에 가는 거리

아는 만큼 보이는 세상 | 우주 편

를 나누거나 대화하기가 얼마나 어려울지 쉽게 상상할 수 있겠지요?

빛의 속도가 아주 느려지면, 자동차를 타고 이동하는 것만으로도 창밖의 풍경이 크게 일그러져 보입니다. 멈춰 있는 사람이 보면 달리는 자동차가 축소되어 보입니다. 결국 시간과 공간이 모두 뒤틀려 살아가기가 매우 불편하고 힘든 세상이 됩니다.

조금 더 나아가면, 실제로는 그 전에 이미 원자나 분자의 화학적 성질이 영향을 받기 때문에 애초에 인간이 멀쩡히 살아 있을 수 있는 세계가 아닐 것입니다.

원자 크기의 미시 세계에서
일어나는 일

· 미시 세계와 플랑크 상수 ·

플랑크 상수는 극히 작은 값이기에, 미시 세계로 들어가야 의미가 있다.
플랑크 상수가 매우 작은 값이기는 하나, 0이 될 수는 없다.

플랑크 상수도 매개변수입니다. 고전역학으로 설명할 수 있는 우리 주변의 세계와 고전역학이 통하지 않는 미시 세계. 이 둘 사이의 경계를 결정하는 것이 '플랑크 상수'입니다(124쪽 참고).

플랑크 상수의 값은 $6.62607015×10^{-34}m^2kgs^{-1}$입니다. 10^{-34}라는 작은 계수를 포함하기 때문에 매우 작은 값임을 직관적으로 알 수 있습니다. 이처럼 플랑크 상수는 극히 작은 값이기 때문에 원자 정도의 미시 세계로 들어가야 의미를 가집니다. 바꿔 말해, 플랑크 상수를 무시할 수 있는 정도로 크기가 큰 역학 현상은 고전역학으로 설명할 수 있습니다.

한편, 불확정성 원리에 따르면 미시 세계에서 입자의 위치와 속도는 동시에 결정되지 않습니다. 위치를 결정하면 속도를 알 수 없고, 속도를 결정하면 위치를 알 수 없습니다. 위치와 속도를 동시에 정확하게 결정하는 것은 원리적으로 불가능합니다. 플랑크 상수는 그 원리적으로 결정되지 않는 입자의 위치와 속도의 불확정도를 나타냅니다.

플랑크 상수는 매우 작은 값이기는 하지만, 0이 될 수는 없습니다. 0이 아닌 작은 값이기 때문에 원자 안에서는 전자가 원자핵에 빨려 들어가지 않고 안정적으로 유지되는 것이기 때문입니다.

그렇다면 플랑크 상수가 지금보다 더 크다면 어떻게 될까요? 양자역학으로 설명해야 할 범위가 넓어진다는 뜻으로, 간단히 말해 원자 세계에서 일어나는 것과 같은 일이 더 큰 세계에서도 일어날 수 있습니다.

예를 들어, 인간은 현 상태 그대로인데 플랑크 상수만 커진다고 가정해 봅시다. 두 사람이 얼굴을 맞대고 대화를 나누고 싶어도 서로의 위치와 속도가 불확실해 의사소통이 불가능합니다. 일단 상대의 위치를 좁혀도 눈 깜빡할 사이에 다시 어디론가 사라져 버리기도 하겠죠.

또 양자 터널 효과(146쪽 참고)가 작용하여 방 밖에 있던 사람이 벽을 마구 통과하여 방 안으로 들어오거나 그 반대의 경우도 발생할 수 있습니다. 사생활 공간 같은 건 의미가 없어지겠네요. 지금보다 플랑크 상수가 큰 세상은 상상만으로도 너무나 혼란스럽군요. 플랑크 상수가 작아서 다행입니다.

길이, 질량, 시간을
모두 가지게 되면?

· 플랑크 척도 ·

플랑크 길이, 플랑크 질량, 플랑크 시간을 합쳐 플랑크 척도라고 한다.

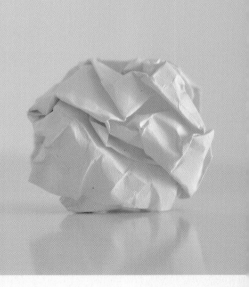

지금까지 살펴본 중력 상수, 빛의 속도, 플랑크 상수는 물리학에서 가장 기본적인 매개변수로, 이 세 가지 모두 물리 법칙과 밀접한 관계가 있습니다. 중력 상수는 일반 상대성 이론, 빛의 속도는 특수 상대성 이론, 플랑크 상수는 양자론을 특징짓는 상수입니다.

이 세 가지 상수의 단위는 모두 길이, 질량, 시간이라는 세 가지 단위의 조합으로 이루어집니다. 따라서 이 세 가지 상수를 잘 조합하면 길이만을 단위로 하는 양, 질량만을 단위로 하는 양, 시간만을 단위로 하는 양을 만들 수 있습니다. 이렇게 해서 얻은 양을 각각 플랑크 길이, 플랑크 질량, 플랑크 시간이라고 합니다.

플랑크 길이보다 작은 척도에서는 공간 자체를 양자역학으로 기술해야 합니다. 양자역학의 불확정성 원리가 작용하여 우리의

플랑크 길이	$l_p = \sqrt{\dfrac{\hbar G}{c^3}} \cong 1.61624(12) \times 10^{-35}$ 미터
플랑크 질량	$m_p = \sqrt{\dfrac{c\hbar}{G}} \approx 2.176 \times 10^{-8} \mathrm{kg} = 1.2209 \times 10^{19} \mathrm{GeV}/c^2$
플랑크 시간	$t_p = \sqrt{\dfrac{\hbar G}{c^5}} \approx 5.39106(32) \times 10^{-44} \mathrm{s}$

· $\hbar$: 디랙 상수(플랑크 상수를 2π로 나눈 값) · G: 중력 상수 · c: 광속 · t_p: 초

아는 만큼 보이는 세상 | 우주 편

직관과 맞지 않는 세계가 되거든요. 플랑크 시간도 마찬가지입니다. 플랑크 시간 이하의 아주 짧은 시간에서는 시간의 흐름에 대한 우리의 상식이 통하지 않습니다.

플랑크 질량은 사실 그렇게 작은 값은 아닙니다. 22μg(마이크로그램) 정도로, 0.5mm의 정사각형 종이 한 장의 질량과 비슷합니다. 플랑크 길이, 플랑크 시간과 달리 인간이 다룰 수 있는 척도입니다.

이 플랑크 질량의 경계는 어디일까요? 플랑크 질량의 블랙홀이 있다고 가정한다면, 그곳에서는 양자 효과가 작용하여 플랑크 시간 정도면 금방 증발해 버릴 것으로 생각됩니다. 플랑크 질량은 블랙홀이 존재할 수 있는 한계 질량이라고 할 수 있습니다.

삼각관계의 미묘한 균형이
빛어낸 세상

· 전자, 양성자, 중성자 ·

전자는 양성자나 중성자보다 훨씬 가볍다.
사진은 베타 붕괴 이론을 정립한 페르미이다.

다음으로 소개할 매개변수는 전자와 양성자, 그리고 중성자의 질량입니다. 원자가 원자핵과 전자로 이루어져 있다는 것은 제3강에서 확인했습니다. 원자핵은 다시 양성자와 중성자로 나뉩니다. 즉, 원자는 전자, 양성자, 중성자 세 가지로 이루어져 있습니다.

각각의 질량은 양성자가 $0.938272\cdots\text{GeV}/c^2$이고, 중성자가 $0.939565\cdots\text{GeV}/c^2$입니다. 그리고 전자의 질량은 $0.000511\cdots\text{GeV}/c^2$입니다. 여기서 GeV/c^2은 질량 단위의 하나입니다.

이 세 가지의 질량에서 알 수 있는 점은 전자가 양성자나 중성자보다 훨씬 더 가볍다는 사실입니다. 먼저 전자는 가볍기 때문에 활발히 돌아다닐 수 있어 원자 내에서 공간적으로 넓게 퍼져 있습니다. 또한 전자 자신보다 수천 배나 무거운 원자핵의 공간적 위치를 정하는가 하면 원자들이 서로 결합할 수 있도록 돕습니다.

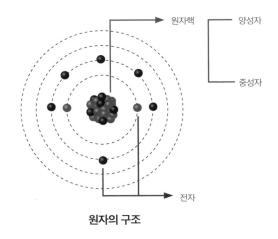

원자의 구조

만약 전자가 훨씬 더 무거워진다면 전자의 행동반경이 줄어 공간적인 퍼짐도 작아질 것입니다. 그 결과 전자의 역할이 제대로 수행되지 않아 원자 간의 결합이 어려워지고 원자나 분자로 이루어진 우리 주변의 물체는 형태를 유지하기가 어려워집니다.

또한 양성자와 중성자의 질량이 거의 같다는 사실도 흥미롭습니다. 중성자가 양성자보다 약간 더 무거운데, 양성자의 질량에 전자의 질량을 더해도 중성자의 질량에는 미치지 못합니다. 이 덕분에 '베타 붕괴'라는 반응이 일어납니다. 중성자가 자연적으로 전자(및 중성미자)를 방출하여 양성자가 되는 반응입니다. 에너지(=질량)는 큰 쪽에서 작은 쪽으로 이동하기 때문입니다.

만약 반대로 중성자의 질량이 더 작다면 어떻게 될까요? 베타 붕괴가 일어나지 않게 됩니다. 대신 양성자가 전자와 반응하여 중성자가 됩니다. 세상에는 중성자만 남게 되고, 원자는 모두 붕괴하여 사라지게 됩니다. 전자와 양성자, 그리고 중성자의 질량 간의 미묘한 관계 덕분에 이 세계는 지금의 형태를 유지하고 있다고 할 수 있습니다.

별이 핵융합하며 벌어진 엄청난 사건

· 중수소 ·

사진은 백조자리의 'Sh 2-106'이라는 별 탄생 영역 사진이다.
양성자와 중성자가 결합할 때 에너지가 방출되는데, 이를 '결합 에너지'라고 힌다.

전자와 양성자, 그리고 중성자의 신비한 관계에 대한 이야기를 이어가 보겠습니다. 혹시 수소에도 종류가 있다는 것을 알고 있나요? 이번에는 그중에서 '중수소'를 알아보겠습니다.

　중수소는 한마디로 질량이 더 큰 수소입니다. 일반 수소는 한 개의 원자핵과 그 주위를 도는 한 개의 전자로 이루어져 있습니다. 원자핵도 양성자 한 개로 이루어져 있어 매우 간단한 구조를 갖고 있습니다. 중수소는 일반 수소보다 중성자가 하나 더 있는 원자핵과 전자 한 개로 이루어진 수소입니다. 중성자가 더해진 만큼 질량이 커진 수소라고 생각하면 됩니다.

　초기 우주에는 수소 원자핵인 양성자와 중성자만 있었습니다. 여기서 헬륨이 먼저 만들어졌다는 점이 중요합니다. 현재의 우주에는 탄소와 산소를 비롯해 다양한 원소들이 있는데, 이는 수소와 헬륨이 모여 별을 만들었고 그 별 내부에서 핵융합 반응이 일어났기 때문입니다. 만약 헬륨이 어딘가에서 만들어지지 않는다면 탄소나 그 밖의 다른 원소도 만들어지지 못했을 것입니다.

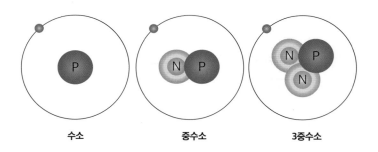

수소　　　　　　중수소　　　　　3중수소

중수소는 양성자 한 개와 중성자 한 개가 충돌하여 만들어지는데, 이 중수소가 없으면 헬륨은 형성되지 않습니다. 헬륨 원자핵은 양성자 두 개와 중성자 두 개가 결합하면서 생성됩니다. 즉, 중수소 두 개가 반응하여 만들어지는 것입니다. 수소 원자핵 두 개 분량의 질량보다 중수소의 질량이 작지 않다면, 중수소가 생성되더라도 금방 양성자 두 개로 분해됩니다. 앞서 설명한 베타 붕괴와 마찬가지로 에너지가 작은 쪽으로 변화하게 되는 것입니다.

수소 원자핵 두 개 분량이란 양성자 두 개 분량이므로 질량은 $1.876544\cdots$ GeV/c^2입니다. 반면, 중수소의 질량은 $1.875612\cdots$ GeV/c^2입니다. 실제로는 중수소의 질량이 더 적습니다. 만약 질량의 대소가 반대였다면 중수소는 불안정해져서 잘 만들어지지 않았을 것이고 헬륨 이후의 원소들도 생겨나지 못했을 것입니다.

혹시 여기서 이상한 점을 눈치 챘을까요? 앞에서 살펴본 대로 중성자의 질량은 양성자의 질량보다 큽니다. 그렇다면 양성자 두 개의 질량보다 양성자와 중성자를 가진 중수소의 질량이 더 커야 하지만 실제로는 더 적다고 했지요? 이는 양성자와 중성자가 결합할 때 에너지가 방출되고, 결합한 뒤에는 방출된 에너지만큼 질량이 줄어들기 때문입니다. 이때 방출된 에너지를 '결합 에너지'라고 합니다.

중성자와 양성자의 질량 차이가 작기 때문에 결합 에너지로 인해 역전 현상이 일어난 셈입니다. 즉, 양성자와 중성자의 질량 차이가 이처럼 아주 작지 않았다면 중수소는 만들어지지 않았을 테고, 나아가 우리 같은 생명체도 존재하지 않았을 것입니다. 이 아주 작은 질량 차이도 미세하게 조정된 것처럼 보입니다.

생명체에게 유리한
물의 특수 성질

· 물의 비열 ·

얼음이 물 위에 뜨는 것은 당연한 현상이 아니다.
물의 비열이 크기에 생명체가 살아갈 수 있다.

생명에 필수적인 '물'에도 미세 조정이 작용하고 있습니다. 물은 항상 우리 주변에 있습니다. 그래서일까요? 우리는 물이라는 존재를 너무도 당연하게 여깁니다. 하지만 그 성질을 들여다보면 사실 물은 특별한 존재임을 알 수 있습니다.

먼저, 얼음이 물 위에 뜬다는 사실이 놀랍습니다. 이것은 전혀 당연한 현상이 아닙니다. 보통 액체가 고체로 변하면 밀도가 높아져 가라앉습니다. 물을 제외한 모든 물질이 가라앉습니다. 그런데 유독 얼음만 어떤 이유에서인지 부피가 커지고 밀도가 낮아져 물 위에 뜨게 되는 것입니다. 그 덕분에 생명체가 계속해서 살아갈 수 있었고, 진화할 수 있었습니다.

연못이나 바다가 얼어붙는다고 상상해 보세요. 만약 얼음이 물에 가라앉는다면 아래쪽부터 얼음이 얼어붙게 되겠지요. 그러면 물속에 살고 있는 생명체들은 위쪽으로 올라갈 수밖에 없습니다. 점차 먹이도 없어질 것이고, 물이 다 얼면 그 생명체들은 더 이상 살 곳이 없어집니다.

반면에 물이 위쪽에서부터 얼면 얼음이 뚜껑 역할을 하여 아래쪽은 덜 얼게 됩니다. 4℃의 물이 가장 무겁기 때문에 바다 밑바닥은 4℃가 됩니다. 표면이 얼어붙어도 생명체는 그 아래에서 살아갈 수 있는 것이지요.

또한, 물은 다른 물질에 비해 압도적으로 비열이 크다는 특징이 있습니다. 이는 열을 저장하는 힘이 커서 쉽게 뜨거워지거나 빨리 식지 않는다는 의미입니다. 계절에 따라 내륙에서는 온도차가 심하고, 해안에서는 온도차가 적은 것은 바다가 열을 저장하고 있기 때문입니다. 만약 물의 비열이 이만큼 크지 않다면 지구의 환경은 격변할 것입니다. 온도차가 심해져 생명체가 살아가기에 가혹한 환경이 되겠지요.

물질	비열 cal/(g·K)	물질	비열 cal/(g·K)
물	1	얼음	0.5
철	0.107	나무	0.41
알코올	0.58	알루미늄	0.215
염화나트륨	0.206	우라늄	0.027

표면장력이 매우 크다는 특징도 있습니다. 예를 들어, 컵에 물을 가득 채워도 물 표면이 위로 불룩하게 올라오면서 흘러넘치지 않습니다. 이는 물 분자끼리 서로 끌어당겨 표면적을 최대한 줄이려는 힘이 작용해서이고, 이를 '표면장력'이라 합니다.

인간의 몸은 대부분 물로 이루어져 있는데, 물의 큰 표면장력 덕분에 생명 유지에 필수적인 세포의 활동이 원활하게 이루어지고 있습니다. 그리고 물의 높은 비율은 체온 조절에도 도움이 됩니다. 이처럼 우리에게 친숙한 물 하나에서도 우주의 미세 조정을 느낄 수 있습니다.

측정하지 않고도 정답을
내놓은 천재의 이야기

· 삼중 알파 과정 ·

원자핵끼리 충돌하여 또 다른 원자핵이 만들어지는 걸 삼중 알파 과정이라 한다.
사진은 중성자별의 모습이다.

생명체에 가장 중요한 원소는 두말할 것도 없이 탄소입니다. 탄소가 없었다면 지금의 생명체는 존재하지 않았을 것입니다.

탄소 원자핵은 별 속에서 헬륨 원자핵이 세 개 모여 만들어집니다. 먼저 헬륨 원자핵 두 개가 충돌하면 베릴륨 원자핵이 만들어집니다. 이 베릴륨 원자핵은 내버려 두면 금방 분해되어 다시 헬륨으로 돌아가지만, 곧바로 또 다른 헬륨 원자핵과 충돌하면서 탄소 원자핵이 만들어집니다. 이를 '삼중 알파 과정'이라고 합니다.

이 탄소 원자핵과 헬륨 원자핵이 충돌하면 이번에는 산소 원자핵이 만들어집니다. 산소 이후의 원자를 얻기 위해서는 탄소가 생성되어 있어야 합니다. 어쨌든 원자핵끼리 충돌하면 또 다른 원자핵이 생성되지 않겠느냐고 생각할 수 있지만, 그렇지 않습니다. 삼중 알파 과정이 일어나기 위해서는 까다로운 조건이 있습니다.

조금 어려운 이야기이지만, 모든 원자들은 각각 특정한 에너지

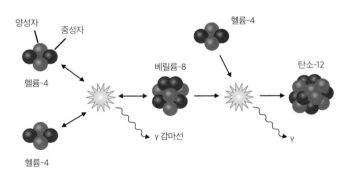

양성자 중성자
헬륨-4
헬륨-4
베릴륨-8
헬륨-4
탄소-12
γ 감마선
γ

삼중 알파 과정

상태를 가집니다. 이를 '에너지 준위'라고 합니다. 삼중 알파 과정으로 탄소가 만들어진다는 사실을 발견한 사람은 영국의 천문학자 프레드 호일(Fred Hoyle)입니다. 그는 삼중 알파 과정이 제대로 일어나기 위해서는 탄소가 특정 값의 에너지 준위(구체적으로 7,654.2keV)를 가져야만 한다는 사실을 알아냈습니다.

호일이 이것을 발견했을 당시에는 탄소 원자에 7,654.2keV의 에너지 준위가 존재한다는 사실이 알려지지 않았습니다. 하지만 현실에는 어쨌든 탄소가 존재하고, 탄소가 만들어지려면 삼중 알파 과정이 일어나야 합니다. 그렇다면 유일한 가능성은 탄소 원자에 7,654.2keV의 에너지 준위가 존재하는 것뿐입니다.

이에 따라 호일은 탄소 원자에는 7,654.2keV 정도의 에너지 준위가 존재해야 한다고 '예측'했습니다. 호일이 이런 예측을 내놓았을 때 처음에는 모두가 믿어야 할지 말아야 할지 망설였습니다. 그런데 실험을 통해 확인해 보니 정말로 에너지 준위가 발견되었습니다.

호일의 논리는 "현실에 생명체가 존재하므로 물리적인 성질은 이러해야 한다"라는 것이었습니다. 이게 굉장히 독특한 점이에요. 보통은 '측정을 했더니 이러했다'라며 결과를 찾아내는데, 호일은 측정을 하지 않고도 결과를 도출해 낸 것입니다.

우주의 나이가
1,000억 살이 넘으면?

· 강한 인류 원리와 약한 인류 원리 ·

강한 인류 원리는 물리 법칙 등이 인간이 태어나기에 적합한 값을 가져야 한다는 원리다.
약한 인류 원리는 관측하는 인간이 존재하기에 우주의 시공간적 위치가 결정된다는 원리다.

호일의 이러한 관점은 전형적인 '인류 원리'입니다. 인류 원리는 앞에서 한번 소개했는데, 간단히 말해 "이 우주가 인간에게 적합한 이유는 만약 그렇지 않으면 인간이 우주를 관측할 수 없기 때문이다"라는 논리로 우주와 물리학을 설명하는 관점입니다. 즉, '우리가 우주를 지금과 같은 모습으로 보는 이유는 우리 인간이 존재하기 때문이다'라고 보는 것이지요.

인류 원리는 크게 '약한 인류 원리'와 '강한 인류 원리', 두 가지로 나뉩니다. 약한 인류 원리는 현재 우주의 나이나 태양계의 위치 관계 등은 우연히 정해진 것이 아니라, 그것을 관측하는 인간이 있다는 전제하에 정해졌다는 관점입니다.

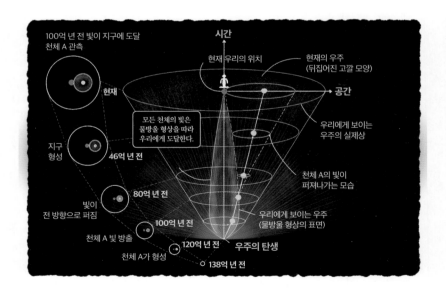

아는 만큼 보이는 세상 | 우주 편

예를 들어, 우주의 나이가 138억 년 정도인 것은 만약 우주가
그보다 훨씬 젊거나 늙었다면 인간이 존재할 수 없기 때문입니
다. 별에서 탄소와 다른 원소들이 만들어지고, 초신성 폭발을 통
해 이 원소들이 우주로 흩어지고, 태양계가 형성되고, 행성이 생
기고, 거기에 생명체가 탄생하고 진화하여 고도의 지능을 가진
인간이 탄생하기까지의 과정을 고려하면 최소 100억 년의 시간
이 필요합니다. 만약 우주의 나이가 1,000억 년 이상이 되면 태양
과 같은 별이 대부분 다 타버리기 때문에 지구와 같은 행성이 있
더라도 지적 생명체가 존재할 가능성은 매우 낮습니다.

　또한 지구는 태양과 적절한 거리를 두고 떨어져 있다는 사실도
참으로 절묘한 점입니다. 만약 지금보다 더 태양과 가깝거나 멀
리 있었다면 지구에는 생명체는 물론 인간도 존재할 수 없었을
것입니다.

　이처럼 관측하는 인간이 존재한다는 원리에 따라 현재 우주의
시간적, 공간적 위치가 결정된다는 것이 약한 인류 원리입니다.
생각해 보면 이는 당연합니다. 인간이 존재할 수 있는 조건에서
만 인간은 우주를 관측할 수 있다고 말하는 것이니까요. 이러한
편향이 생기는 것을 '관측 선택 효과'라고 합니다. 관측 선택 효과
로 인해 우주에서 인간이 존재할 수 있는 시간과 공간이 한정되
는 것은 당연합니다.

　강한 인류 원리는 물리 법칙이나 상수 자체가 인간이 태어나기

에 적합한 값을 가져야 한다는 관점입니다. 인간이 존재하기 때문에 우주는 인간이 존재할 수 있는 조건을 만족한다는 설명으로, 논리적으로는 인과관계가 뒤집혀 있습니다.

호일의 예측은 강한 인류 원리의 전형적인 예입니다. 그때까지 이런 논리를 구사해 예측을 한 사람이 없었기 때문에 처음에는 다들 반신반의했습니다. 그런데 실험 결과 사실로 밝혀지면서 모두가 깜짝 놀랐습니다. 그렇다면 강한 인류 원리를 이용해 알려지지 않은 물리적 성질을 정확히 예측한 사례가 더 있지 않을까 기대할 수 있겠지만, 그렇지는 않았습니다.

같은 방식의 논리로 성공한 또 다른 사례는 없습니다. 호일의 예측이 유일한 성공 사례입니다. 강한 인류 원리를 사용하면 왜 우리 우주가 미세 조정되었는지를 설명할 수 있습니다. 물리 상수 등이 왜 하필 그런 특정 값을 갖게 되었느냐는 질문에 인간이 존재하려면 그런 특정 값이 필요하다는 답이 나온 것이지요.

다만 이것을 논리라고 부를 수 있는지는 의문이 남습니다. 이 우주의 수수께끼를 풀기 위해 법칙과 물리 상수를 조사했음에도, 원래의 의문을 던져버리고 "수수께끼는 없다. 인간이 존재하기 위해서는 그렇게 되어야만 하기 때문이다!"라고 말하는 것과 같습니다. 사실상 동어반복에 불과할 뿐 아무것도 설명하지 못합니다. 흥미로운 발상임에는 분명하고 호일의 방식은 결과적으로 잘 맞아떨어졌지만, 과학적으로 별 의미가 없다고 생각하는 사람도 많습니다.

　다만, 강한 인류 원리는 다중 우주를 전제로 할 때는 의미가 있습니다. 만약 무수히 많은 우주가 존재하고 그중 하나의 우주에 우연히 인간이 존재하는 경우라면 강한 인류 원리를 사용해 우리가 살고 있는 우주가 왜 이런 모습의 우주인지 설명할 수 있습니다. 이 우주에 인간이 존재한다는 것은 무수히 많은 우주 가운데 우연히 이 우주가 인간이 존재하기에 딱 알맞은 조건을 갖췄기 때문이라는 얘기입니다.

"우주의 목적은
인간을 탄생시키는 것이다!"

· 강한 인류 원리 ·

강한 인류 원리는 미세 조정 문제를 설명할 수 없다.
최종 인류 원리란 지적 개체가 반드시 존재하며, 일단 존재하면 사라지지 않는다는 원리이다.

무수히 많은 우주가 존재한다면 약한 인류 원리와 강한 인류 원리는 본질적으로 크게 다르지 않습니다. '인간이 존재하는 이유는 우주와 같은 희귀한 우주가 실현되기에 충분한 수의 다양한 우주가 존재하기 때문이다'라는 말이 되는 것이지요. 강한 인류 원리도 다중 우주의 틀에서 보면 약한 인류 원리와 마찬가지로 관측 선택 효과에 의한 것이라고 볼 수 있습니다.

그러나 우주가 하나밖에 없다고 가정하면 약한 인류 원리와 강한 인류 원리는 서로 전혀 다른 것이 됩니다. 우주가 단 하나뿐이라면, 그런 우주에 인간이 존재하는 이유는 무엇일까요?

강한 인류 원리의 경우 '신이 그렇게 만드셨다'라는 결론으로 나아간다고 해도 이상하지 않습니다. 또는 '우주의 목적은 인간을 탄생시키는 것이다'라는 목적론이 될 수도 있습니다. 다만 어느 쪽이든 미세 조정 문제에 관해서는 더 이상 설명할 수 없습니다. 이런 것을 과연 진정한 과학적 활동으로 볼 수 있을지 의문입니다.

앞에서 나온 휠러의 인류 참여 원리는 어떨까요? 휠러는 이 우주에 참가한 인간이 정보를 처리함으로써 우주가 존재한다고 말할 수 있게 된다고 했습니다. 다중 우주에 기대지 않는 인류 원리로, 강한 인류 원리의 변형이라고 할 수 있습니다.

양자론의 세계에서는 확률의 파동만 존재할 뿐 인간이 관측하기 전까지는 아무것도 확정되지 않습니다. 이를 우주 전체에 적용하면, 우리가 우주를 관측하기 전까지 우주의 상태는 확고한 존재로써 확정되지 않습니다.

양자론의 맥락에서 보면 인류 참여 원리도 충분히 설득력이 있습니다. 휠러의 인류 참여 원리를 바탕으로 존 배로우(John Barrow)와 프랭크 티플러(Frank Tipler)가 제시한 '최종 인류 원리'라는 것도 있습니다. 이는 정보처리를 행하는 지적인 개체가 우주 속에서 언젠가는 반드시 존재해야 하며, 일단 존재하게 되면 결코 사라지지 않을 것이라는 주장입니다.

이처럼 인류 원리에는 여러 가지 주장이 있지만 현재로서는 어느 것이 옳다 그르다 쉽게 말할 수 없습니다. 어떤 사람들은 관측이나 실험으로 확인할 수 없는 일을 가정하는 것이 무슨 의미가 있겠느냐고 말합니다. 하지만 미래에는 그러한 가정의 의미를 해명할 수 있는 기술이 발견될 수도 있고, 반대로 그러한 가정 자체가 불가능하다는 사실이 증명될 수도 있습니다. 어느 쪽이 될지 알 수 없으므로, 우리가 할 수 있는 최선은 모든 가능성을 고려하는 것뿐입니다.

2차원에서는 인간에게
어떤 일이 벌어질까?

· 차원 수에 따른 예측 ·

선은 1차원, 종이는 2차원, 연필은 3차원을 나타낸다.

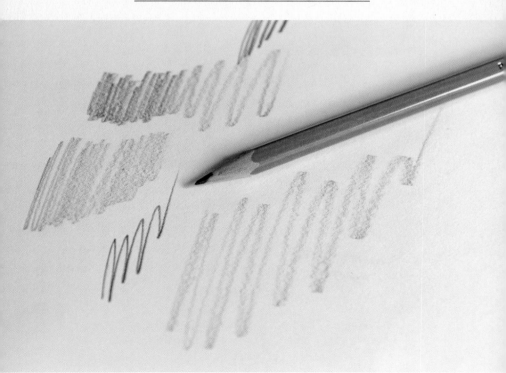

다시 미세 조정 문제로 돌아가 보겠습니다. 여러 번 이야기했지만 이 우주의 공간은 3차원입니다. 끈 이론을 따르더라도 우리 눈에 보이는 것은 3차원입니다. 그리고 시간은 1차원입니다. 즉, 이 세계는 3차원의 공간과 1차원의 시간으로 이루어진 4차원 공간입니다. 너무나 당연해서 의심할 여지가 없다고 여기겠지만, 이것 또한 필연적인 것은 아니며, 2차원이나 4차원의 공간, 또는 2차원의 시간도 있을 수 있습니다.

그러면 2차원 공간을 생각해 봅시다. 2차원은 평면의 세계입니다. 그곳에서는 고도의 지적 생명체가 존재할 수 없습니다. 예를 들어, 우리의 신경과 혈관은 서로 엉키지 않고 우회할 수 있는 복잡한 체계를 이루고 있는데, 2차원에서는 이것이 불가능합니다. 서로 연결되어 버리기 때문입니다.

또한, 입과 항문을 연결하는 소화관처럼 몸에 구멍을 뚫는 것

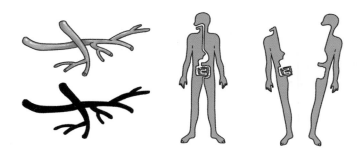

2차원에서는 엉키거나
연결되는 것을 피할 수 없다.

만약 2차원의 인간이 있다면
이 그림처럼 나눠지게 될 것이다.

아는 만큼 보이는 세상 | 우주 편

은 2차원에서는 불가능합니다. 만약 2차원 생물에 소화관이 있다면, 몸은 그 소화관을 경계로 두 개로 나눠지게 될 것입니다. 해파리처럼 입과 항문이 구별 없이 하나인 경우라면 가능할지 모르겠지만, 그런 것을 상상해 보면 좀 꺼림칙하군요.

2차원으로 단순화한 것만으로도 이 정도이니, 1차원과 같은 선의 세계에서는 제대로 된 생물은 더 이상 기대할 수 없을 것 같습니다. 아무래도 일정 정도 이상의 지적 생명체가 살기 위해서는 공간의 차원이 3차원 이상은 필요한 듯싶습니다.

차원을 늘리는 것은 가능하다고 생각할지 몰라도, 이 역시 그렇지 않습니다. 물리 법칙이 어떻게 작동할지 계산해 보면 아무래도 문제가 생기게 됩니다. 4차원 이상의 공간에서는 원자가 안정적으로 존재할 수 없고 금방 부서져 없어집니다. 원자는 원자핵 주위에 전자가 안정적으로 있을 수 있을 때만 존재할 수 있는데, 4차원 이상의 공간에서는 전자가 돌아다닐 수 있는 공간이 지나치게 늘어나면서 결국 원자는 부서지고 맙니다.

또한, 공간이 3차원이 아니라면 만유인력의 법칙이 역제곱의 법칙(어떤 힘의 크기가 거리의 제곱에 반비례하는 것)으로 작용하지 않게 되면서 지구가 태양 주위를 안정적으로 돌 수 없게 됩니다. 4차원의 경우, 3차원에 비해 가까워질수록 인력이 더 강해지고 멀어질수록 인력이 더 약해지기 때문에 원 궤도를 그리며 돌 수 없게 됩니다.

246쪽 그림은 공간의 차원 수를 가로축, 시간의 차원 수를 세로축으로 하여 각각의 조합에 대해 정리한 것입니다. 공간 3차원, 시간 1차원에 해당하는 위치가 '우리가 있는 곳(We are here)'입니다.

시간이 1차원이고, 공간이 2차원 이하일 때는 '매우 간단함(TOO SIMPLE)', 말 그대로 너무 단순합니다. 반면, 4차원 이상이면 '불안정함(UNSTABLE)'입니다. 이것은 앞에서 소화관이나 원자 등을 예로 들어 설명한 것과 같습니다.

공간이나 시간이 0차원이라면 도저히 우리가 상상할 수 있는 세계가 아닙니다. 무언가가 움직이는 세계를 머릿속에 그릴 수 없습니다. 만약 시간이 0차원이라면 물체가 움직일 수 없고, 공간이 0차원이라면 애초에 물체가 없습니다. 따라서 이러한 세계에서는 공간에서 물체가 움직이는 모습을 머릿속에 그려보는 것 자

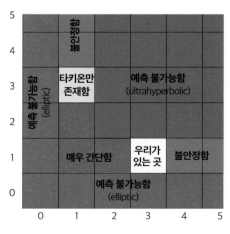

시공간의 차원 매트릭스

체가 불가능합니다. 그것이 '예측 불가능함(UNPREDICTABLE)'의 세계입니다.

오른쪽 위에도 같은 '예측 불가능함(UNPREDICTABLE)'의 세계가 펼쳐져 있습니다. 시간과 공간 둘 다 다차원인 경우에도 예측 불가능한 세계입니다. 시간과 공간의 방향이 지나치게 많아서 어떤 물체가 다음 순간 어디로 향할지, 다음에 어떤 일이 일어날지 예측할 수 없습니다. 즉, 물리 법칙 자체가 걷잡을 수 없이 혼란스러워집니다.

예를 들어, 공간을 이동하는 것과 같이 시간도 이쪽저쪽 다른 방향으로 흐른다고 가정해 봅시다. 시간이 2차원이라면 약속을 잡는 일에도 두 개의 값이 필요합니다. "첫 번째 시간이 1시, 두 번째 시간은 3시가 되는 교점에 만나자"와 같은 복잡한 일이 벌어질 수 있습니다. 설령 그런 약속을 한다고 해도 2차원 시간을 이해할 수 없는 우리 인간은 영원히 그 약속을 지키지 못하겠지요. 고차원의 세계에 사는 사람들의 사고방식은 우리와는 완전히 다를 것입니다.

존재하는데도
볼 수 없는 것

· 타키온 입자 ·

우리는 공간은 3차원, 시간은 1차원에 살고 있다.
타키온 입자는 관측된 적이 없어 많은 이가 믿지 않지만, 관측이 되면 오히려 더 큰 문제가 된다.

우리의 세계와 반대로 공간을 1차원으로 하고 시간의 차원을 늘리는 일은 수학적으로는 가능합니다. 그런데 실제로 해 보면 시간은 1차원이고 공간의 차원이 늘어나는 것과 동일합니다. 246쪽 그림에서 공간 3차원, 시간 1차원의 '우리가 있는 곳(We are here)'에 대응하는 것은 공간 1차원, 시간 3차원인 '타키온만 존재함(Tachyons only)'입니다.

즉, 계산 결과로는 공간 1차원, 시간 3차원의 세계에서는 타키온 입자만 존재합니다. 타키온 입자란 항상 빛보다 빠르게 움직이는 입자를 말합니다. 이론적으로는 가능하지만 관측된 적이 없기 때문에 많은 물리학자가 타키온 입자는 존재하지 않는다고 생각합니다.

만약 관측이 된다면 오히려 문제가 될 수 있습니다. 빛의 속도를 넘어선다는 것은 시간이 거꾸로 흐르는 상황이 가능해진다는 뜻이 됩니다. 과거로 이동할 수 있게 된다는 말이지요. 그러면 인과관계가 엉망이 되니 문제가 생깁니다. 그래서 '인간이 관측할 수 없는 형태로 존재한다'라는 식의 임시방편적 이론이 몇 가지 있습니다. 그런 식으로 가정을 설정하면 모순이 없으니 존재해도

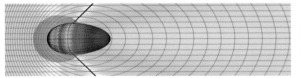

타키온 입자의 시각화

상관없다는 것이지요.

왜 과학자들은 존재할 수 없는 것들을 자꾸 만들어 내느냐고 생각할 수 있습니다. 시공간 차원을 바꾸지 않는 경우라도 특이한 이론을 고안하여 계산을 하다 보면 타키온 입자라는 존재가 필요했기 때문입니다.

과학자 모두가 이론적 계산에서 타키온 입자를 없애려고 안간힘을 썼지만 도저히 사라지지 않았습니다. 그래서 '사실은 존재하지만 관측할 수 없다'라는 논리를 찾아낸 것입니다. 앞에서도 말했지만 이론적 계산으로는 시간이 3차원, 공간이 1차원이라면 모든 것이 타키온이 되어 버립니다. 지극히 기묘하고 상상조차 할 수 없는 세계입니다.

어쨌든 공간 3차원, 시간 1차원 이외에서 우리는 우리로서 존재할 수 없습니다. 즉, 이 역시 우주의 미세 조정 문제나 인류 원리로 이어지는 주제라고 할 수 있습니다.

아인슈타인의 일생일대
실수가 없으면 안 되게 된 이유

· 우주항과 우주 상수 ·

아인슈타인은 우주를 정적이라고 생각했다.
우주의 가속 팽창은 오히려 우주항, 우주 상수가 없으면 안 된다는 주장도 생겨났다.

지금까지 이야기해 온 것들과는 비교할 수 없을 정도로 규모가 큰 미세 조정 문제가 있습니다. 바로 '우주 상수'라고 불리는 매개 변수입니다.

우주 상수는 원래 아인슈타인이 일반 상대성 이론을 우주에 적용할 때 도입한 상수입니다. 아인슈타인은 우주가 팽창도 수축도 없이 일정하다고 가정했습니다. 이른바 '정적인 우주'입니다. 그런데 아인슈타인이 제안한 일반 상대성 이론의 기본 방정식을 그대로 우주에 적용해도 정적인 우주가 되지 않습니다. 내버려두면 자체의 중력 때문에 자연적으로 수축하기 때문입니다. 이 문제를 해결하기 위해 항을 하나 추가했습니다. 그것이 바로 '우주항'입니다. 우주 상수는 이 우주항에 곱해지는 계수를 말합니다.

우주 상수가 양의 값을 가지면 우주 공간이 팽창하게 됩니다. 이에 반해 물질은 우주 공간을 수축시키는 작용을 합니다. 아인슈타인은 이 두 힘이 균형을 이루면 우주는 정적인 상태를 유지한다고 생각했습니다. 그러나 현실의 우주는 아인슈타인의 생각과 달리 정적이지 않았습니다. 이미 알려져 있다시피 우주가 팽창하고 있다는 사실이 발견되면서 아인슈타인은 우주항을 포기했습니다. 훗날 "내 일생일대의 실수"라고 말하기도 했다고 합니다.

아인슈타인은 철회했지만, 우주항은 이론적으로는 존재할 수 있습니다. 팽창하는 우주 속에 우주항이 있어도 모순이 없습니다. 아니, 역시 우주항이 있어야 한다는 논의가 오래전부터 있었습니다. 그리고 우주가 가속 팽창하고 있다는 사실이 분명해지자 오히려 우주항, 우주 상수가 없으면 문제가 된다고 생각하게 되었습니다. 우주의 급격한 가속 팽창은 우주항을 도입하지 않고는 설명할 수 없었기 때문입니다.

우주가 가속 팽창하고 있다는 건 앞에서 이야기한 암흑 에너지와 관련 있습니다. 암흑 에너지는 우주 공간 전체에 퍼져 있는 정체불명의 에너지라고 설명했습니다. 관측은 되지 않았지만 우주 전체에 아주 밀도가 낮은 에너지가 가득 차 있어야 합니다. 우주 팽창 속도가 점점 빨라지고 있다는 것은 관측된 사실이기 때문입니다. 팽창이 점차 가속되려면 우주에는 밀도가 낮은 에너지가 있어야 합니다. 그렇지 않으면 우주의 팽창은 느려질 수밖에 없습니다.

암흑 에너지가 존재한다는 가정하에 계산하면 관측 결과와 딱 맞아떨어집니다. 그런 실체가 없는 뜬구름을 잡는 식의 이론은

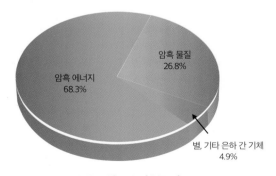

우주 구성 요소의 분포비

마음에 들지 않는다고 말하던 사람들도 결국 암흑 에너지 말고는 가속 팽창을 설명할 방법이 없어 이를 받아들일 수밖에 없는 상황입니다.

암흑 에너지란 대체 무엇일까요? 암흑 에너지를 이론적으로 해명하는 것은 현대 물리학의 주요 과제 중 하나입니다. 우주 상수는 암흑 에너지의 유력한 후보로 꼽힙니다. 하지만 그 값이 너무 작기 때문에 아무래도 부자연스럽습니다. 관측을 통해 추정된 우주 상수 값은 $1.109 \times 10^{-34} m^{-2}$로 매우 작은 값이기 때문입니다.

우주 상수의 에너지는 진공 공간이 가지고 있는 에너지로 해석할 수 있는데, 양자론에서 예측한 진공 에너지는 우주 상수의 에너지양보다 123자릿수나 더 큽니다. 그렇다면 관측 결과와 맞지 않으므로 어떤 음의 진공 에너지로 상쇄되는 것이 아닐까 생각할 수 있는데, 상쇄되어 0이 되는 것이 아니라 0에 가까운 아주 작은 값이 남아 있는 것입니다.

도리어 0이라면 어떤 법칙이나 이론에 의해 그 이유를 설명할 수 있는 가능성이 있지만, 0에 가까운 엄청나게 작은 값인 경우 설명하기가 훨씬 더 어려워집니다. 가령 123자릿수나 되는 큰 수가 두 개 있는데, 우연히 그 두 수의 차이가 1이었다는 것과 같습니다. 우주 상수가 어떻게 이처럼 작은 값이 되었는지는 최첨단 물리학 이론으로도 도저히 알 수 없습니다.

123자릿수라는 상상을 초월하는 정밀도로 인간에게 적합한 값으로 미세 조정되어 있다는 점이 큰 수수께끼인데, 100자릿수가 넘는 정밀도가 나오는 미세 조정 문제는 우주 상수 말고는 없습니다.

비유하자면, 100억 광년 정도의 거리를 두고 소립자 세 개를 따로따로 놓고 마치 당구공을 치듯이 첫 번째 소립자를 치면 두 번째 소립자에 부딪힌 뒤 튕겨 나와 100억 광년 떨어진 세 번째 소립자에 정확히 명중하는 것과 같은, 솜씨 좋은 저격수들도 혀를 내두를 만한 불가능에 가까운 정밀도입니다.

이 우주 상수는 매우 문제시되고 있습니다. 믿기지 않을 정도로 미세 조정되어 있는 우주 상수를 방정식에 멋대로 끼워 넣고, 그것으로 우주의 성질을 설명했다고 할 수 있을까요? 사실은 더 깊은 이유와 작동 원리가 있을지도 모릅니다. 우주항을 추가하여 계산하면 간단하지만, 그 물리적 근거 역시 명확하지 않습니다. 암흑 에너지의 정체도 여전히 수수께끼로 남아 있습니다.

이 미세 조정 문제를 진정한 의미에서 해결하는 것이 암흑 에너지의 정체를 밝히는 데 도움이 될 것입니다. 더구나 우주 상수의 미세 조정 문제를 다중 우주로 해결하려면, 적어도 10의 123제곱 개 이상의 우주가 필요합니다. 이와 동시에 다른 미세 조정 문제도 해결하기 위해서는 더 많은 우주가 필요합니다. 물론 다중 우주가 미세 조정 문제를 해결할 수 있는 유일한 해결책은 아닙니다. 우리가 아직 알지 못하는 원리가 앞으로 발견될지도 모릅니다.

6

CHAPTER

과거나 미래로의 시간 여행은 가능할까?

- 우주의 미래 -

다시,
우주란 무엇인가

· 시간과 공간 ·

우주를 한마디로 정의하자면 '시공간'이라고 말할 수 있다.
사진은 역사상 가장 위대한 물리학자로 불리는 아인슈타인이다.

우리는 이 우주에 대해 많은 것을 알게 되었습니다. 인간의 생활권이 '세계'에 불과하던 시절부터 시작해 지구가 둥글다는 것을 알게 되었고, 천동설에서 지동설로 넘어갔으며, 관측 기술의 발전과 함께 태양계 바깥에 대한 이해도 깊어졌습니다. 우주가 팽창하고 있다는 것, 우주에 시작이 있다는 것도 알게 되었습니다. 상대성 이론과 양자론의 발전으로 우리의 우주관은 꾸준히 발전해 왔고, 이제는 다중 우주처럼 마치 SF 소설의 소재로 다뤄질 법한 것들에 대해서도 진지하게 논의하고 있습니다.

하지만 우주는 여전히 수수께끼로 가득 차 있습니다. 우리가 모르는 것들이 너무나 많습니다. 여기서 다시 '우주란 무엇인가'라는 첫 번째 질문으로 돌아가 봅시다. 단어의 의미로 보자면, 우주란 '시공간'이라고 말할 수 있습니다. 그렇다면 시공간이란 무엇일까요?

일상생활에서 시간과 공간은 너무나 당연한 것으로 여겨져서 평소에는 특별히 의식할 필요가 없습니다. 하지만 '시간이란 무엇인가', '공간이란 무엇인가'라며 그 본질을 새삼스럽게 따져 보면, 이것이 매우 어려운 질문임을 깨닫게 됩니다. 시간과 공간은 모두 숫자로 나타낼 수 있습니다. 하지만 우리는 시간이나 공간 그 자체를 직접 눈으로 볼 수는 없습니다.

고전역학에서 시간과 공간은 암묵적 전제였습니다. 물체의 위치나 속도를 생각할 때 시간과 공간을 전제로 하지 않으면 고전역학으로는 아무것도 설명할 수 없습니다. 시간과 공간은 누구에게나 공통된 것이라는 전제 아래 뉴턴 역학이 만들어졌습니다. 이것은 우리의 경험과도 일치합니다.

뉴턴 역학의 관점에서는 시간과 공간은 물체가 운동하는 무대와 같은 것이며, 물체의 운동과는 상관없이 시간과 공간은 독립적으로 존재한다고 봅니다. 이런 뉴턴 역학의 관점을 뒤집은 것이 바로 상대성 이론입니다. 시간과 공간이 과연 고정된 '무대'에 불과할까 하는 의문을 품은 아인슈타인은 시간과 공간은 '절대적'인 것이 아니라 '상대적'인 것이라고 정의한 것입니다.

예를 들어, 멈춰 있는 A와 움직이고 있는 B가 있다고 해봅시다.

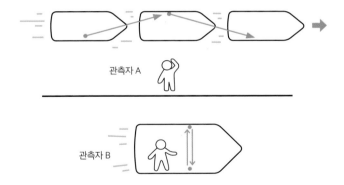

① A는 지상에서 로켓을 보고 있다. B는 로켓에 타고 있다.
② 로켓은 왼쪽에서 오른쪽으로 날아간다.
③ A에게 빛은 빨간색 긴 완만한 산 모양의 직선처럼 보인다.
④ B에게 빛은 아래 그림처럼 짧은 왕복 직선처럼 보인다.
⑤ 이때 A의 시간이 빠르게, B의 시간이 느리게 흐르면 빛은 같아진다는 것이 상대성이다.

상대성 이론의 또 다른 예시

A가 볼 때 B의 시간은 느리게 흐르는 것처럼 보입니다. B 자신이 느끼는 시간의 흐름은 평소와 다름이 없고, 특별히 자신의 움직임이 느려졌다고도 자각할 수 없습니다.

그렇다면 B가 볼 때 A의 시간은 어떻게 흐르는 것처럼 보일까요? 자신을 기준으로 생각하면 B 자신은 멈춰 있고 A가 움직이고 있습니다. 그러므로 B에게는 A의 시간이 느리게 흐르는 것처럼 보입니다. 즉, 서로가 상대의 시간이 느리게 흐르는 것처럼 보이는 것입니다. 이것이 모순되게 느껴지는 이유는 시간과 공간은 절대적인 것이라는 고정관념 때문입니다.

로켓을 타고
미래로 갈 수 있을까?

· 타임머신 ·

만약 빛의 속도에 가깝게 로켓을 움직일 수 있다면 미래에 갈 수 있다.

일상생활에서는 시간의 차이가 있다고 해도 그 차이가 너무 작아 체감할 수 없습니다. 체감할 수 있을 정도가 되려면 빛의 속도에 가깝게 빨리 움직여야 합니다.

실제로 빛의 속도에 가깝게 로켓을 움직이는 데에는 많은 기술적 어려움이 따릅니다. 하지만 이론적으로는 이 방법으로 미래에 갈 수 있습니다. 순식간에 미래로 갈 수는 없지만, 로켓을 타고 20년간 우주여행을 하고 돌아오면 지구에서는 300년 이상 시간이 흘러 있을 수 있습니다.

다만 이렇게 해서 미래의 세계로 간다고 하더라도 다시는 과거로 돌아올 수 없습니다. 미래로 간 인간은 미래의 세계에서 살아갈 수밖에 없습니다. 시간을 넘나들며 여행할 수 있는 타임머신은 오랜 인류의 꿈이지만, 이를 타임머신이라 부르는 것은 왠지 걸맞지 않은 느낌이 듭니다. 미래로 가는 편도 티켓 같은 것이니까요. 과거와 미래를 자유롭게 오가는 타임머신이 있다면 더 좋을 텐데 말입니다.

시공간을
초월하는 방법

· 웜홀과 블랙홀 ·

그림은 블랙홀, 화이트홀, 웜홀을 나타낸 이미지이다.

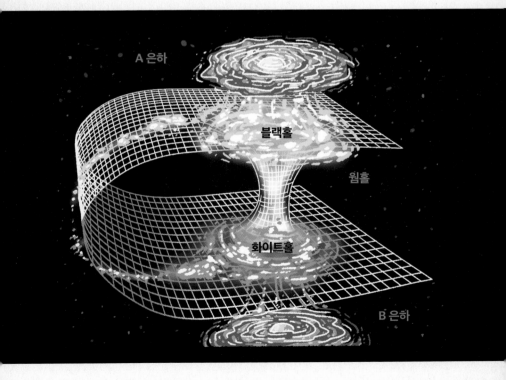

그렇다면 과거로 가는 것은 불가능할까요? 이런 경우 물리학에서 고려하는 것은 원리적으로 가능한지 여부입니다. 현재 기술로는 불가능하더라도 물리 법칙에 어긋나지 않는다면 가능하다고 할 수 있습니다. 앞서 이야기한 빛의 속도에 가깝게 움직이는 로켓도 원리적으로는 문제가 없습니다. 미래에는 예상치 못한 기술 혁신으로 현재에는 존재하지 않는 기술이 탄생해 불가능을 가능으로 바꿀 수도 있습니다.

어디까지나 원칙적으로 가능한지 그렇지 않은지를 기준으로 삼는다면, 물리 법칙을 위배하지 않고 과거로 돌아갈 수 있는 타임머신도 불가능하지 않습니다. 그 힌트는 극단적으로 시공간이 휘어진 블랙홀입니다. 블랙홀의 중심부에는 고리 모양으로 생긴 '시공간 특이점'이라고 불리는 영역이 있습니다. 이는 시공간에 균열이 생긴 지점이라 할 수 있는데, 시간과 공간의 휘어짐이 무한대로 커져 있기 때문에 현대의 물리학으로는 계산이 불가능합니다.

어쨌든 이 고리를 빠져나가면 또 다른 시공간으로 이동할 수 있습니다. 몇 광년 떨어진 곳일 수도 있고, 어쩌면 우리가 살고 있는 우주와 다른 우주로 연결되어 있을 수도 있습니다. 즉, 블랙홀은 시공간을 뛰어넘는 터널이 됩니다.

이때 모든 물질을 빨아들여 버리는 블랙홀이 입구라면 반대로 모든 물질을 방출하는 출구도 있습니다. 이를 화이트홀이라고 합니다. 이 블랙홀과 화이트홀을 연결하는 터널을 '웜홀'이라고 부릅니다.

이 이론을 처음 만든 것은 아인슈타인과 물리학자 나단 로젠(Nathan Rosen)이지만, '웜홀', 즉 벌레구멍이라는 재미있는 이름을 붙인 사람은 휠러였습니다. 휠러는 시공간을 사과에 비유하여, 벌레가 사과 표면의 한 지점에서 반대쪽 지점으로 갈 때 표면을 따라가는 것보다 이미 파먹은 구멍을 통과하면 더 빨리 갈 수 있다는 점에 착안해 이런 이름을 붙였습니다. 블랙홀과 달리 화이트홀이나 웜홀은 실체가 확인되지는 않았지만, 수학적으로는 존재할 수 있습니다.

블랙홀을 통과할 때는 국수 효과로 인해 몸이 산산조각 난다고 했는데 어떻게 진입할 수 있을까요? 만약 충분히 큰 블랙홀이 충분히 빠른 속도로 자전하고 있다고 가정한다면, 중심부의 웜홀에 성공적으로 진입하면 무사히 통과할 수 있을 가능성이 있습니다.

자연적으로 생성된 블랙홀에 뛰어드는 대신 안전한 인공 웜홀을 만드는 건 어떨까요? 사실 물리학자들 사이에서는 웜홀을 인공적으로 만드는 것이 가능한지를 두고 진지한 논의가 벌어지고 있습니다. 시공간은 휘어질 수 있으므로, 서로 떨어져 있는 두 지점을 극단적으로 구부려 이어 붙이면 된다는 것입니다.

이론적으로는 웜홀을 만드는 것이 가능합니다. 하지만 웜홀은 매우 불안정한 성질을 가지고 있다는 문제점이 있습니다. 충격

이 약간만 가해져도 순식간에 붕괴된다는 것이지요. 따라서 인간이 웜홀을 통과하려고 들어간 순간 웜홀이 붕괴될 가능성이 높습니다.

천문학자이자 작가인 칼 세이건(Carl Sagan)은 SF 소설 《콘택트》

를 집필하면서 물리학자 킵 손(Kip Thorne)에게 웜홀에 대한 자문을 구했습니다. 손은 유명한 상대성 이론 연구자로, 1988년 인간이 통과할 수 있을 만큼 충분히 크고 안정화된 웜홀의 존재 가능성을 이론적으로 증명했습니다. 손과 세이건에 따르면, 웜홀에 음의 에너지를 가진 물질을 넣어주면 웜홀을 안정적으로 유지할 수 있다고 합니다.

그러면 음의 에너지를 가진 물질이란 무엇일까요? 우리 주변의 모든 물질은 양의 에너지를 가지고 있어 음의 에너지를 가진 물질을 본 사람은 아무도 없습니다. 하지만 시공간이 휘어진 공간에서는 물질이 음의 에너지를 갖는 것도 불가능하지 않습니다.

또 암흑 에너지를 잘 이용하면 안정적인 웜홀을 만들 수 있다고 말하는 사람들도 있습니다. 암흑 에너지 자체의 정체가 알려져 있기 않기 때문에 일방적 주장에 불과한 측면도 없지 않지만, 가능성 측면에서 보자면 덮어놓고 부정할 수도 없습니다. 만약 미래에 암흑 에너지의 정체가 밝혀지면 이를 통해 시공간을 자유롭게 오갈 수 있는 웜홀을 만들 수 있게 될지도 모릅니다.

인간이 통과할 수 있는 웜홀을 정말로 만들었다고 할 때, 입구와 출구를 같은 시간으로 맞추면 수만 광년 떨어진 곳으로 워프(초광속 이동)할 수 있고, 다른 시간으로 나오도록 출구를 만들면 그것은 미래로도 갈 수 있고, 과거로도 갈 수 있는 타임머신으로 탈바꿈됩니다.

만약 웜홀을 자유자재로 제어할 수 있는 기술이 있다면 워프도 가능한 꿈의 타임머신이 될 것입니다. 만화《도라에몽》의 어디든 원하는 곳으로 갈 수 있는 '어디로든 문'과 타임머신이 결합한 꿈의 기술이라 할 수 있겠군요.

사실 이런 기술을 실현하는 것은 현실적으로 매우 어렵습니다. 그렇다 해도 원리적으로 가능한 이상 아무리 비관적으로 보여도 '절대 불가능하다'라고 딱 잘라 말할 수는 없지 않을까요?

과거로 돌아가도
미래를 바꿀 수 없다고?

· 시간 역설 ·

과거로 돌아가 어떤 행동을 했을 때 현재가 바뀐다면 모순이 생기는 것이 시간 역설이다.
'미래가 결정되어 있다'라는 관점은 고전역학의 관점이다.

과거로 가는 시간 여행은 불가능하다고 주장할 때 사람들이 흔히 드는 예는 시간 역설입니다. 예를 들어, 누군가가 자신이 태어나기도 전의 과거로 돌아가 자신의 부모를 살해한다면 어떻게 될까요? 그러면 부모가 죽었다면 자신도 태어날 수 없기 때문에 애초에 과거로 돌아가 부모를 죽일 수 없게 됩니다. 따라서 시간 여행이 가능하다고 가정했을 때 이러한 역설이 발생하게 된다는 문제가 생깁니다.

이 문제는 어떻게 해결할 수 있을까요? 시간 역설을 일으키지도 않고 타임머신도 존재할 수 있다고 한다면 어떤 경우에 그것이 가능할까요? 과거로 돌아가 몇 번을 시도해도 현실은 바뀌지 않는다든지, 부모를 죽이려고 해도 실패할 수밖에 없도록 결정되어 있다든지, 그런 것 아닐까요? 맞습니다. 그게 시간 역설에 대한 하나의 해결책이 될 수 있습니다. 과거로 돌아가 어떤 행동을 하든 현재가 바뀌지 않는다면 모순이 발생하지 않습니다. 이 해결책의 바탕에는 '미래는 미리 결정돼 있다'라는 생각이 깔려 있습니다.

이것은 고전 물리학의 법칙만 놓고 보면 맞습니다. 뉴턴 역학에서는 어떤 순간에 우주에 있는 모든 입자에 속도와 위치를 부여하면 그 이후의 상태가 완전히 결정됩니다. 전자기 법칙도 마찬가지입니다. 이 세상의 모든 물질은 물리 법칙에 따라 움직이기 때문에 자유 의지로 그 움직임을 바꾼다거나 세상의 운명을 바꿀 수 없습니다.

인간도 자유롭게 선택하는 것처럼 보이지만, 실제로는 그렇게 선택할 수밖에 없도록 미리 결정되어 있을지도 모릅니다. 심지어 '과거로 되돌아가 부모를 살해하는 것'조차도 미리 결정된 대로 행동한 것일 수 있습니다.

이런 말을 하면, 어떤 사람들은 아무리 노력해도 미래를 바꿀 수 없다면 노력할 필요가 없다고 생각하기도 합니다. 하지만 설령 미래가 정해져 있다고 해도 그 미래가 노력해서 성공을 이루는 미래인지, 게으름을 피우다 불행해지는 미래인지 지금은 알

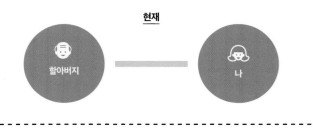

현재

할아버지의 젊은 시절('나'는 태어나지 않음)

할아버지 역설

수 없습니다. 그렇다면 노력하는 것이 좋지 않을까요? 그리고 애초에 '미래는 이미 결정되어 있다'라는 것은 고전역학의 한 관점에 불과합니다.

선택할 때마다 새로운
우주가 하나씩 탄생한다

· 평행 우주 ·

어떤 선택을 할 때마다 선택한 세계와 선택하지 않은 세계로 나뉘는 것이 평행 우주이다.
평행 우주 개념에 따르면 시간 역설은 발생하지 않는다.

시간 역설에 대한 또 하나의 해결책은 평행 우주입니다. 인간에게 진정한 의미의 자유 의지가 있고 자신의 행동을 선택할 수 있다고 가정하면, 이것이 해결책이 될 수 있습니다.

　평행 우주의 개념에 따르면 과거로 돌아가 현재에 영향을 미치는 행동을 할 때마다 우주가 분기됩니다. 어떤 사람이 부모를 죽였다면 그가 부모를 죽인 우주와 죽이지 않은 우주로 갈라지게 됩니다. 그는 부모를 죽이지 않은 우주에서 태어난 자식이고, 부모를 죽인 우주 쪽에는 존재하지 않습니다. 그러면 시간 역설이 발생하지 않습니다.

　이미 알아챘겠지만, 이 평행 우주는 양자론과 밀접하게 관련된 개념입니다. 에버렛의 다세계 해석에서는 모든 가능성이 중첩된 상태로 존재하며, 관측자가 인식할 때마다 세계가 갈라집니다. 과거로 돌아가든 그렇지 않든 그것과 상관없이 우리는 항상 평행 세계에 존재합니다.

　어떤 선택을 하면 그 선택을 한 세계와 선택하지 않은 세계로

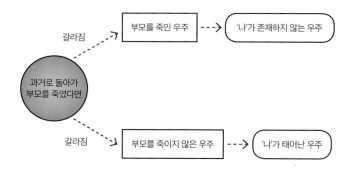

나뉩니다. 예를 들어, 이 책을 구입한 '나'와 구입하지 않은 '나'가 각각 다른 세계에 존재하는 것입니다. 조금씩 다른 '나'가 무수히 많이 존재한다고 상상하면 이상한 기분이 들겠지만, 다른 평행 세계에서 어떤 일이 일어나는지 알 수 없고 서로 관여할 수도 없습니다.

양자론적 평행 우주에는 모든 가능성이 실현된 세계가 존재하며, '나'는 무수히 많은 평행 세계 중 하나에 살고 있는 셈입니다. 웜홀을 통해 과거로 간다면 그 출구는 '나'가 있던 세계가 아닌 다른 평행 세계로 연결됩니다. 그곳에서 무엇을 하든 원래 '나'가 있던 세계와는 아무런 관련이 없으므로 모순이 생기지 않습니다.

거시 세계와 미시 세계를
모순 없이 묶는 법

· 양자중력론 ·

스티븐 호킹의 양자중력론에 따르면 블랙홀도 양자 효과로 인해 희미한 빛을 낸다.

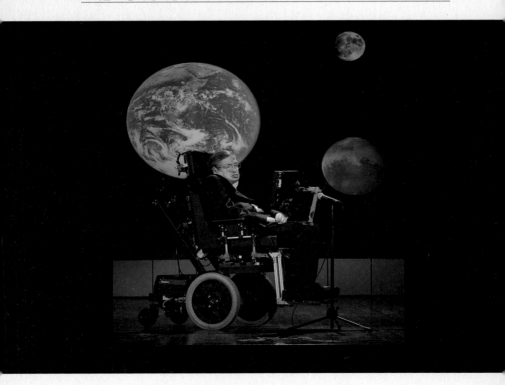

우주의 시공간이 휘어지고 뒤틀린다는 사실로부터 타임머신이라는 아이디어가 탄생했습니다. 블랙홀이나 웜홀은 시공간의 물리학인 상대성 이론으로 예측된 것입니다. 상대성 이론을 통해 시공간이란 평소 우리의 생각과는 명확히 다른 것임을 알 수 있었습니다. 상대성 이론에 따른 시공간은 관측자에 따라 달라지는 '상대적'인 것이며, 중력에 의해 휘어집니다.

어쨌든 블랙홀이나 웜홀의 내부를 자세히 들여다보고 싶어도 현재는 그럴 수 있는 방법이 없었습니다. 양자론이 하나의 열쇠가 될 수 있을 것 같은데, 일반 상대성 이론과 양자론은 궁합이 매우 좋지 않다고 합니다. 중력이라는 거시 세계의 이야기와 미시 세계의 이야기를 모순 없이 하나로 묶는다는 것은 쉽지 않습니다. 보통은 두 세계를 별개로 다루기 때문에 문제가 없지만, 초기 우주에 대해 생각하려면 둘을 통합할 필요가 있습니다.

이것은 오랜 전부터 큰 문제였는데, 양자론과 상대성 이론을 부분적으로 통합하는 데 성공한 인물이 바로 스티븐 호킹입니다. 호킹의 '양자중력론'에 따르면 블랙홀은 양자 효과로 인해 희미한 빛을 냅니다. 원래 블랙홀은 빛조차 빠져나올 수 없는 천체로 정의되었는데, 이 블랙홀에서 양자 효과로 인해 에너지가 새어 나온다는 사실을 수학적으로 증명한 것입니다. 아직 관측되지는 않았기 때문에 확실하지는 않지만, 이론적으로는 맞는 것 같습니다.

블랙홀이 빛을 낸다는 건 우리가 블랙홀을 볼 수 있다는 말이 되기는 하지만, 이 빛은 너무 약해서 일반적인 방법으로는 볼 수 없습니다. 다만 블랙홀은 에너지를 방출하면서 점점 작아지다가 거의 마지막에 이르러 엄청난 에너지를 방출하기 때문에 관측이 가능하다는 의견이 있습니다. 블랙홀이 사라지는 순간 갑자기 밝아져 관측할 수 있을 것으로 생각됩니다.

양자중력론 분야는 호킹이 상대성 이론에 양자론을 도입하면서 한동안 매우 뜨거운 관심을 받았습니다. 하지만 앞에서도 말했다시피 어디까지나 부분적 통합일 뿐, 상대성 이론과 양자론의 통합은 아직 완전히 이루어지지 않았습니다.

덧붙여 호킹은 양자역학에 기반해 타임머신을 타고 시간을 거슬러 과거로 돌아갈 수 없다는 견해를 밝혔습니다. 만약 과거로

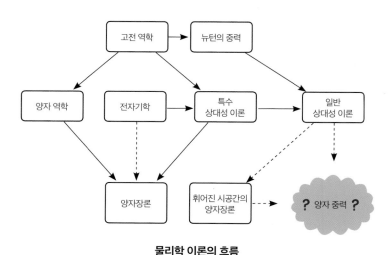

물리학 이론의 흐름

아는 만큼 보이는 세상 | 우주 편

돌아갈 수 있는 웜홀이 있다면 진공 요동이 순환을 반복하면서 강해져 웜홀을 파괴할 것이라고 했습니다. 이처럼 물리 법칙에 위배되기 때문에 시간 여행이 실현되지 않을 것이라는 주장을 '시간 순서 보호 가설'이라고 합니다. 중력을 양자적으로 다루는 이론은 아직 완성되지 않았기 때문에 이 가설이 사실인지 아닌지는 알 수 없습니다.

시간은 인간이
발명한 것이라고?

· 시공간 이론 ·

사진은 국제 우주 정거장에서 찍은 별의 궤적이다.
대표적으로 뉴턴과 아인슈타인의 시공간 이론이 있다.

상대성 이론과 양자론의 통합은 앞으로 해결해야 할 과제입니다. 어떤 양자론적 가설을 따르자면 시간이 존재하지 않는 편이 더 자연스러워 보입니다. 그 이유는 계산을 해 나가다 보면 방정식에서 시간이라는 변수가 사라져 버리는 것으로 알려져 있기 때문입니다. 신기하지요? 아무튼 더 이상 시간을 계산에 넣을 필요가 없어질 것 같습니다.

그러면 과연 시간이란 무엇일까요? 사실 물리적 시간이라는 것은 존재하지 않고, 인간이 스스로 발명해 낸 것일지 모릅니다. '돈'이 사물의 가치를 나타내고 물건을 더욱 편하게 교환하게 해 주는 발명품인 것처럼, '시간'도 사물의 상관관계를 설명하기 위한 발명품으로, 본래 존재하는 무엇이 아닐지 모른다는 말입니다.

'공간'도 마찬가지입니다. 인간이 어떤 공간이 있고, 얼마만큼

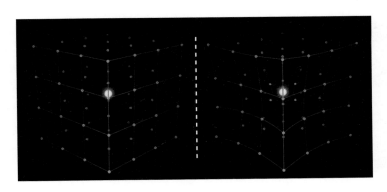

시공간 이론

절대 시간과 공간(왼쪽, 뉴턴의 이론) 개념과 상대적 시공간(오른쪽, 아인슈타인의 이론) 개념

거리가 떨어져 있다는 식으로 인식하는 것일 뿐, 그 정체에 대해서는 잘 알지 못합니다. 휠러의 인류 참여 원리에 따르면, 시간과 공간도 정보 처리의 한 부분일 뿐입니다. 우리가 알고 있던 시간과 공간은 더 이상 존재하지 않는 것입니다.

볼 수 있어야
존재하는 것이라는 주장

· 관측적 우주론 ·

관측적 우주론이란 관측을 바탕으로 우주 전체 구조를 이해하려는 연구이다.

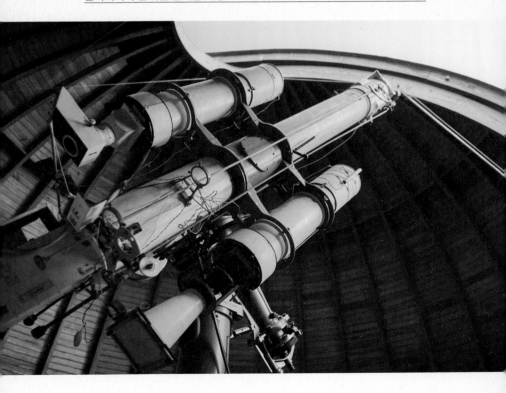

제 전문 분야는 '관측적 우주론의 이론 연구'로, 간단히 말하자면 관측을 바탕으로 우주의 전체 구조를 이해하고자 하는 연구입니다. 원래 물리학은 실험, 측정을 기반으로 연구하는 것이므로 굳이 관측적이라는 말을 붙일 필요는 없지만, 우주론에 대해서는 이론으로만 진행하는 시대가 오랜 기간 지속되었기 때문에 순수 이론적 우주론 연구와 구분하기 위해 이렇게 부르고 있습니다.

　하지만 이론만으로는 모든 가능성을 생각해 낼 수 있다고 해도 무엇이 옳은지를 알 수 없습니다. 책의 시작부터 여기까지 다양한 우주상을 다뤄왔음에도 어느 것이든 이론에 불과해 '우주란 무엇인가'에 대해서도 확실한 답을 주지 못했습니다.

　이론 연구자들이라면 어떤 의미에서는 이것으로 충분할지도 모릅니다. 하지만 저는 진실을 알고 싶었습니다. 그래서 많은 이론 가운데 조사할 수 있는 것들을 골라 관찰과 실험을 통해 이론이 옳은지 그른지 밝혀내려고 노력합니다. 이론 연구를 주로 하지만, 관측에 밀착된 이론 연구입니다.

　예를 들자면, '이런 관측을 하면 암흑 에너지의 성질을 알아낼 수 있을 것이다'라는 내용의 논문을 쓰고 그 원리가 세계적인 은하계 조사 관측에 적용되도록 합니다. 조사 관측이란 넓은 범위의 우주를 조사하는 방법입니다.

　현재 진행하는 연구는 '우주론적 섭동론'입니다. '섭동론'이라는 방법을 사용해 초기 우주에서 별이 생기고 은하가 만들어질 때

　　　　　　　　　　　　아는 만큼 보이는 세상 | 우주 편

어떻게 행동하는지를 알아보는 것입니다. 우주 초기부터 현재까지 우주의 복잡한 구조가 시간이 지남에 따라 어떻게 변화하는지를 주로 손으로 직접 계산해 구하게 됩니다.

우주를 탐구하려면
수학이 필요할까?

· 우주 연구 ·

우주가 무엇인지 탐구하기 위해서는 무엇보다 우주를 좋아하는지가 중요하다.

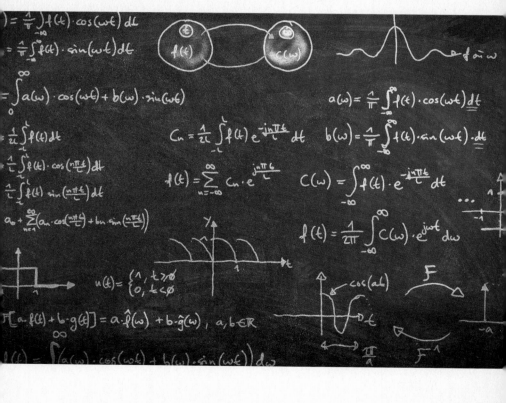

종이에 몇 장씩 손으로 계산을 해 나간다고 하면, 수학이나 산수를 잘 못하는 사람들은 질색할 수도 있겠습니다. 이론 연구 중에는 수학을 못 하면 어려운 것도 있습니다. 상대성 이론의 경우 어느 수준 이상의 고도의 수학을 공부해야만 합니다.

하지만 우주론은 우주물리학의 극히 일부분입니다. 천체 연구라면 물리학이나 화학이 중요하고, 시뮬레이션을 위한 프로그램을 무기로 삼는 사람도 있습니다. 간단한 계산밖에 없어도 탁월한 아이디어 덕분에 널리 알려지게 된 논문을 쓴 사람도 있습니다. 체력이나 종합적인 능력을 살려 우주 비행사가 되는 사람도 있을 테지요.

'우주 연구'가 의미하는 범위는 매우 넓습니다. 어렸을 때는 문과 이과 구분 없이 누구나 방학 숙제로 나온 자유 연구를 하기 위해 스스로 실험하고 만들고 관찰했던 것처럼, 사실 엄밀하게 말해 과학=수학이 '아닙니다'.

우주란 무엇인가를 탐구하는 인류의 근원적 활동에 참여하고 싶다면 무엇보다 우주를 좋아하는지 아닌지가 중요하다고 생각합니다. '이 세상은 어떻게 만들어졌을까' 하는 어린 시절의 궁금증에서 출발해 우여곡절 끝에 관측적 우주론에 도달한 저처럼 말입니다. 관측 데이터를 이용해 여러 가지 흥미로운 우주 이론이 맞는지 그렇지 않은지 풀어 나가는 일은 정말로 즐겁습니다. 게다가 관측 기술도 눈부시게 발전하고 있어 앞으로 더욱 성장할 분야라고 생각합니다.

우주에는 여전히 많은 수수께끼가 남아 있습니다. 그런 만큼 다양한 형태로 참여가 이뤄질 것이고, 더 많은 흥미로운 발견이 나올 것입니다. 어쩌면 '우주란 무엇인가'를 알 수 있는 날이 머지 않았을지도 모릅니다.

양자역학, 상대성이론을 몰라도 이해하는 우주 첫걸음

아는 만큼 보이는 세상 | 우주 편

인쇄일 2024년 10월 7일
발행일 2024년 10월 14일

지은이 마쓰바라 다카히코
옮긴이 송경원
펴낸이 유경민 노종한
책임편집 김세민
기획편집 유노책주 김세민 이지윤 **유노북스** 이현정 조혜진 권혜지 정현석 **유노라이프** 권순범 구혜진
기획마케팅 1팀 우현권 이상운 **2팀** 이선영 김승혜 최예은
디자인 남다희 홍진기 허정수
기획관리 차은영
펴낸곳 유노콘텐츠그룹 주식회사
법인등록번호 110111-8138128
주소 서울시 마포구 월드컵로20길 5, 4층
전화 02-323-7763 **팩스** 02-323-7764 **이메일** info@uknowbooks.com

ISBN 979-11-7183-059-6 (03440)